城の科学

個性豊かな天守の「超」技術

萩原さちこ

ブルーバックス

カバー装幀　芦澤泰偉・児崎雅淑
カバー写真　歌川貞秀『真柴久吉公 播州姫路城廓築之図』
　　　　　　公益財団法人 日本城郭協会 提供
本文デザイン　齋藤ひさの（ＳＴＵＤＩＯ　ＢＥＡＴ）
本文図版　齋藤ひさの（ＳＴＵＤＩＯ　ＢＥＡＴ）
　　　　　坂本憲司郎

はじめに

近年、城を訪れる人が激増しています。全国の入城者数は右肩上がりで、城めぐりに関する書籍もたくさん見かけるようになりました。老若男女を問わず多くの人が訪れ、近年の城内はまるでテーマパークのように華やかでにぎやか。奥深い城の魅力を、さまざまな人がそれぞれの楽しみ方で自由に味わえる時代が到来したのだと思います。訪城者が増えたことで整備も進み、より訪れやすくなっているのもうれしいところです。

石垣が累々と残る城、石垣すらない戦国時代の土の城、市街地や山奥に埋もれた城を探るなど、ちょっとマニアックな城の楽しみ方も定着しつつあります。しかし実感するのは、「みんな天守が大好き!」ということ。研究者も専門家も、尋ねてみれば城好きへの入口は天守であることがよくありますし、どんなに偉い先生も、私たちと同じように少年のような笑顔で天守を見上げます。そういえば私も、思い起こせば小学生のときに松本城を訪れ天守内部の軍事的な工夫に魅了されたのが、城に目覚めたきっかけでした。

みなさんも、城を訪れたならば目指すのは天守でしょう。城内の石垣や櫓などの建物、敵を翻弄する迷路のような設計などには目もくれず、まっしぐらに天守最上階を目指すようすは、城では当たり前の光景です。たとえ「この城の魅力は天守ではなく別のところにある」と力説されても、「現存する天守ではなく後世に建てられた偽物だ」とわかっていても、せっかく城を訪れたのなら必ず天守だけは見て帰りたいものです。

天守は、城という広い敷地のなかにある建物のひとつです。城を構成するパーツのひとつにすぎません。ですから厳密には〈城＝天守〉という一般的な定義は少しもったいない認識で、天守だけで城を語ることもできません。しかし、それでもやはり、天守の存在感は圧倒的です。天守を目の前にすると、思わず立ち止まりカメラを構えてしまいます。天守とは、権力と財力を誇示するシンボルタワー。観光で訪れた私たちに対してもそうであるように、近づく者の前に立ちはだかり、威圧する目的があります。私たちが天守に圧倒されるのは、ただ外観の美しさに見惚れるだけでなく、その背後にある目に見えない力に無意識のうちに脅威を覚えるからです。

そしておもしろいのは、実用性にも大きな意味があることです。壮麗なシンボルタワーであると同時に、それ以上に実戦のための防御施設としての役割を担っていました。見た目の美しさが大切なのは間違いありませんが、美観と実用を兼ね備えていることがとても重要でした。

城を訪れたのなら天守を見たいものですが、とはいえ天守内の柱や構造を見たいのではなく、ゴールは天守最上階でしょう。風が頬をなでる心地よさ、木造建築の趣きが感じられる空間、絶景を一望のもとにできるあの時間は格別で、「ああ、がんばって急な階段を上がってきた甲斐があった！」と、達成感を味わえます。最上階から絶景を見下ろせば一国を制圧した城主の気分に浸れ、「お殿様もこの景色を眺めながら暮らしていたんだなあ」と、優雅な気持ちになります。

しかし、天守を少し理解すると、そんな妄想は一瞬にして打ち消されます。隅々のあらゆるところまで戦いのためのしかけや工夫がされた、戦闘のための建物だと気づくからです。天守に住むなど、戦場に身を投じるようなもの。私なら、こんな場所には絶対に住みません。

実際に、天守に城主は住んでいませんでした。最上階は特別な空間づくりが意識されていたようですが、少なくとも居住空間ではなく、戦闘色の薄い天守であっても一時的な居心地のよさ以外は追求されていません。人々を虜にする美貌を持ちながら、驚異的な行動力と抜群の知性にあふれた内面——天守とは、そんな裏の顔を持つミステリアスな存在でもあるのです。

さて、たとえば目の前に全国各地の天守の写真を30枚ほど並べられたとしたら、みなさんは見分けがつくでしょうか。少し目が慣れれば、きっと誰でも、どの城の天守かを言い当てられるようになります。天守とはそれほど、似たものがなく、デザインやサイズのバリエーションが豊かです。さらにそれぞれに軍事的な工夫がしかけられているのですから、絶対に2つとして同じ天守は存在しません。

個性豊かというと聞こえはいいですが、歪みを補ったような部分もあり、建築物としては欠陥だらけのような印象もあります。美しさを追求したためにできたスペースを有効活用すべく、射撃場としたり装飾で隠したりと、なんとかうまく使おうという人間臭さも感じられます。

その背景には、大前提として急いで建てられていること、そして度重なる修復と改造の経緯があります。軍事施設である城は、時間をかけて素材を厳選し、こだわり抜いてつくられるものではありません。できるだけ早く、限られた条件のなかで、持てるすべての知恵と技術を投じてつくられます。ときには辻褄合わせのような技術を用い、ごまかしたりすることも。試行錯誤した、不完全さが詰まっているのです。

生まれながら特別な存在意義を持って維持と管理がされてきた寺院建築とは異なり、天守は常にガタを抱えながら、時代の変化のなかでなんとか生き延びてきた建物といえます。そんなところに私は人間らしさを感じずにいられず、逞しさや強さに心惹かれてしまうのかもしれません。

私たちは、なぜ天守に魅了されるのでしょうか。城を訪れたとき、どんなところに着目すればよいのでしょうか。本書は、知・美・技という観点から天守の魅力を解き明かした1冊です。国宝指定されている5つの天守を中心に、天守の構造や特徴、工夫に迫り、その見方や楽しみ方を解説しています。一般的なガイドブックのような天守の特徴や見どころを紹介するものではなく、また軍事的なしかけを実際にどのように活用するのかを深く解き明かすものでもありませんが、城を訪れて天守の真髄を感じ、考えるときに役立つものを目指しました。

数百年も前に建てられた天守を見ても時代遅れだと感じないのは、決して過去と切り離されたものではなく、きっと、日本人のなかに脈々と受け継がれてきた美意識が息づいているからなのでしょう。

この本が、日本の宝である天守を楽しむヒントになれば幸いです。

もくじ◆城の科学

第3章 天守の発展 ～形式と構造の変化～ …115

第4章 天守の美と工夫 …141

第5章　姫路城の漆喰　～よみがえった純白の輝き～…177

第6章　松本城天守の漆の秘密　～日本で唯一の漆黒の天守～…195

第7章 丸岡城の最新調査・研究事例 ～科学的調査で国宝をめざす～ …207

第8章 松江城の新知見 ～明らかになった独自のメカニズム～ …223

第1章 城と天守の歴史

天守は城の代名詞です。城と聞けば、多くの人が5重や3重の、あの建物を連想するでしょう。厳密には城を構成するパーツのひとつにすぎませんが、やはりその存在感は圧倒的。城を訪れて絢爛豪華な天守を目にすれば、思わず足を止めて見入ってしまうはずです。天守には、人々を魅了する魔力のような吸引力、日本人の琴線に触れる揺るぎない美があります。

驚くのは、天守が城の必需品ではないことです。城を訪れたときに天守が見当たらないと「この城には天守が残っていないのか」とがっかりしてしまいますが、天守が建てられなかった城など珍しくなく、天守が存在しなかった城は全国には数万あります。

天守は誰が誕生させ、いかなる目的で建てられ、どのような存在だったのでしょうか。信長・秀吉・家康の3人の天下人は、どんな天守を築いたのでしょうか。この章では、天守の役割と変化を中心に、天下人の城づくりと現代までの城の歴史を追っていきます。

天守の誕生と信長の城

城の長い歴史のなかで、天守の登場はかなり後のほうです。城の発展を年表に書き出したとしたら、後ろから数えたほうが早いほど。城の発祥は弥生時代の環濠集落に遡り、飛鳥時代の古代山城や城柵、南北朝時代に登場する山城などさまざまな形態があります。天守が誕生するのは、戦国時代末期のこと。実は築城史において天守のある城は最終形で、都市化の最終形態として超

図1-1　安土城本丸鳥瞰復元CG

©三浦正幸復元 ©株式会社エスCG制作 株式会社碧水社提供

高層建造物が建つようなものなのです。

天守を見上げると戦国ロマンに浸りたくなりますが、観光地化されている全国各地の天守の多くは慶長5年（1600）の関ヶ原合戦以降に建造されていますから、残念ながら天守に戦国ロマンは重ねられません。

天守をはじめてこの世につくったのは、織田信長です。天正4年（1576）に築いた安土城（滋賀県近江八幡市）で、信長は絢爛豪華な高層建造物を城に取り入れ、5重6階地下1階の7階建て天主（安土城では天守ではなく天主と表記）を誕生させました。

空前絶後の天主は、不等辺七角形の天守台の上に立ち、1~3階までは黒漆塗り。5階に八角形の望楼が載り、さらにその上に正方形の望楼が載るという、現代においてもなお近未来的な構造だったと考えられています。5階の柱や長押、高欄などは朱で塗られ、6階の柱や長押は金、高欄は朱、壁は群青で塗られました。各重には金色の金具が打たれ、5階と6階の隅木には風鐸が吊られていたようです。内部は地階と屋根裏階である4階を除き、安土桃山時代を代表する絵師の狩野永徳と一門衆が手がけた金碧障壁画（金箔地に極彩色で描いた襖絵や壁の画）で飾られました。1～3階の柱や長押は高級な黒漆、4階は白木、5階と6階の柱や長押、内壁には金箔が押されていたとみられます。日本初の城専用瓦と金箔が貼られた瓦が葺かれ、金の鯱が載った、まばゆい限りの姿だったと推定されています。

信長は天主を建てただけではなく、城全体を高い石垣で囲み、恒久的な礎石建物を城に取り入れました。それまで戦うためだけにあった城には見せつけるという要素が加わり、存在意義までもがらりと刷新されたのです。こうして、豪壮な天守が建ち、高石垣と水堀で囲まれるといった、現在私たちが一般的にイメージする城の原型が信長によって生み出されました。信長なくして日本の歴史は語れませんが、信長なくして日本の城も語れません。信長が新しいスタイルの城を発明していなかったら、私達が現在見る城もまったく違うものになっていたでしょう。

厳密には、安土城以前に居城とした岐阜城（岐阜県岐阜市）にも天守はあり、『兼見卿記』には明智光秀が元亀3年（1572）に築いた坂本城（滋賀県大津市）に、『細川両家記』には有岡城（兵庫県伊丹市）に存在した記述があります。しかし、いずれにしても天守を城の絶対的存在として位置づけたのは信長で、今日ある天守は信長によって生まれ、城に欠かせない存在になったと断言できます。

また近年の発掘調査によって、安土城から城が一変したという定説は覆りました。信長が永禄6年（１５６３）から居城とした小牧山城（愛知県小牧市）、永禄10年（１５６７）から居城とした岐阜城からも新発見があり、信長の新しい城づくりが小牧山城にまで遡ることが明らかになったからです。しかしいずれにしても、信長が革新的な城を生み出したことは間違いありません。信長による新しい城は近世城郭と分類され、それまでの中世城郭とは一線を画します。

城の発展①　信長から秀吉へ〜秀吉の城

信長が生み出した城の概念は豊臣秀吉に受け継がれ、さらに徳川家康に引き継がれて城の常識となっていきました。厳密には多少のアレンジが加えられていきますが、基本理念は同じです。

秀吉の城は、基本的には信長の城を受け継いでいるといえます。立地、規模、構造、設計はもちろんのこと、城を政治的なツールとする位置付け、城を使った戦い方もその系譜に連なります。

天正11年（１５８３）に賤ヶ岳（しずがたけ）の戦いで柴田勝家を倒し、信長亡き後の主導権をほぼ確実にした秀吉は、大坂城（大阪府大阪市）の築城に着手します。大坂は、信長が天下統一の暁には城と

図1-2『大坂夏の陣図屏風』右隻（部分）
大坂夏の陣後に黒田長政が描かせたとされる。天守は5重で、望楼型。1重目と3重目の屋根は南北方向の入母屋造として、その上に4重目と5重目からなる望楼が載る。1重目西側には千鳥破風が2つ並び、2重目と4重目には千鳥破風が1つずつ、5重目には軒唐破風がある。　所蔵：大阪城天守閣

大商業都市を構築して国家の中心地にしようと考えていたとみられる地。その地に安土城を凌駕する威圧感のある城を早急に完成させることで、秀吉は信長の後継者であることを世に知らしめ、天下人としての威光を示そうとしたと思われます。

もちろん、権力と財力の象徴である天守も秀吉により受け継がれました。秀吉が築いた大坂城天守は跡形もなく、その姿を目にする術はありませんが、黒田長政が慶長20年（1615）の大坂夏の陣後に描かせた『大坂夏の陣図屏風』（大阪城天守閣蔵）、慶長19年（1614）の大坂冬の陣後に狩野派の絵師が描いたものを幕末に狩野派の絵師が模写したものと考えられる『大坂冬の陣図屏風』（東京国立博物館蔵）、豊臣大坂城天守を描いたものとしては最古とされる『大坂城図屏風』（大阪城天守閣蔵）などで外観を知ることができます。近年には、オーストリアのエッゲンベル

ク城で豊臣期の大坂城とその城下を描いた『豊臣期大坂図屏風』が発見され、大きな話題となりました。

秀吉が築いた天守は５重６階地下２階で、安土城天主とほぼ同高だったと考えられています。壁面には黒漆が塗られ、金色に輝く巨大な菊紋や桐紋、牡丹唐草の彫刻できらびやかに埋め尽くされていたようです。現在の天守は、寛永３年（１６２６）に造営され寛文５年（１６６５）に焼失した徳川大坂城天守の天守台の上に、昭和６年（１９３１）に建てられたコンクリート製の天守です。徳川大坂城に準じて壁面は白く、最上階だけが豊臣大坂城をモチーフとした黒壁になっています。

図1-3『大坂城図屏風』（部分）
豊臣大坂城天守を描いたものとしては最古とされる。５重天守で、２重目が東西方向の入母屋造、３重目は南北方向の入母屋造に。『大坂夏の陣図屏風』と同じく、その上に望楼が載る。　所蔵：大阪城天守閣

安土城天主との決定的な違いは、生活の場の有無です。信長は安土城天主に生活の場を設けましたが、秀吉は天守をあくまで恣意的なものとし、政務や生活の場とは切り離しました。さすがに住みにくいと感じたのでしょうか。天守の代わりに絢爛豪華な御殿を建

図1-4　安土城跡出土金箔瓦
写真のように信長は瓦の凹面に金箔を押すが、秀吉は凸面に貼る。　所蔵：滋賀県教育委員会（安土城郭調査研究所）

造し、そこに住まいました。

信長と同じように用いたのが、天守の屋根に葺かれた金箔瓦です。信長が築いた安土城や岐阜城からは、金箔を押した瓦が出土しています。同じように、豊臣大坂城、聚楽第や伏見城（ともに京都府京都市）からも、金箔瓦が発見されています。信長も秀吉も、金箔瓦で建物を飾り、自らの威勢を示していたようです。

異なるのは、金箔の用い方です。信長は瓦の凹面に漆を塗って金箔を押したのに対して、秀吉は瓦の凸面に金箔を貼り付けています。２人が金箔瓦に与えた権限も異なるようで、信長系の金箔瓦が織田一族の城からしか発見されていないのに対し、秀吉系の瓦は大坂城や伏見城などの居城だけでなく、大坂や京・伏見に置かれた大名屋敷や大名の領地の城からも見つかっています。秀吉は家臣の格・功績に応じて金箔瓦の使用を許可したようで、豊臣政権のステイタスシンボルのひとつとして、金箔瓦に効力を持たせていたと思われます。

平成28年（２０１６）には、天守台発掘調査中の駿府城（静岡県静岡市）で秀吉系の金箔瓦が発見されました。これまでも金箔瓦は3点発見されていましたが、いずれも信長系であり、秀吉系は初めてです。

駿府城といえば徳川家康の隠居城として知られます。築城時期は天正13年（１５８５）からと慶長12年（１６０７）からの2時期で、いずれも徳川家康によるものです。しかし天正18〜慶長5年（１５９０〜１６００）には、豊臣政権下の中村一氏が在城していました。発掘された瓦は中村時代のものなのでしょうか。駿府城の改修の歴史を知る上で貴重な発見となっています。

秀吉政権の城

豊臣政権下で、家臣たちにより多くの城が築かれました。たとえば岡山城（岡山県岡山市）は、豊臣政権の五大老のひとりである宇喜多秀家により、天正18年（１５９０）から秀吉の全面指導のもとで築かれたとされる城です。不等辺多角形の天守台に載る天守は安土城の天主を彷彿とさせ、一説には秀吉が築いた大坂城の天守を模したともいわれます。

現在、岡山城が、別名・烏城と呼ばれるのは、かつて天守の下見板に黒漆が塗られ、太陽の陽射しを受けると烏の羽のような輝きを放っていたからです。金箔瓦が葺かれていたことから、金烏城ともいわれます。現在の天守は古写真などをもとに、昭和41年（１９６６）に外観復元されています。

広島城（広島県広島市）は、毛利輝元によって天正17年（１５８９）に築かれました。秀吉に

図1-5　再建された岡山城天守（上）と広島城天守（下）

臣従した輝元は、前年の天正16年（１５８８）に秀吉に謁見すべく上洛した際に大坂城や聚楽第を目にし、それまでの郡山城（広島県安芸高田市）から居城を移すことを決めたようです。上洛直前にも郡山城の修理を行っていますから、広島城の築城は突然だったとみられます。

このように、信長によって城に加えられた政治的な側面は、秀吉により受け継がれ、さらに発展したといえます。

図1-6『聚楽第図』
絵師・海北友松が描いたとされる絵図をもとに、明治時代に描かれた。　所蔵：大阪城天守閣

秀吉は天正18年（１５９０）に実質的な天下統一を果たすと、家康を関東に封じ込め、江戸を取り囲むように主要街道沿いに家臣に城を築かせました。「徳川包囲網」と呼ばれるこれらの城に共通するのが、金箔瓦の出土です。松本城（長野県松本市）、上田城（長野県上田市）、甲府城（山梨県甲府市）などが、その事例。秀吉は天下統一の道具として城を有効に活用したようで、金箔瓦のほか家紋や拝領品、位や階級などあらゆるものに権威の象徴性を持たせました。秀吉流の城の登場は豊臣政権の版図拡大の証であり、政権構造の縮図。金箔瓦を葺いた秀吉流の天守建

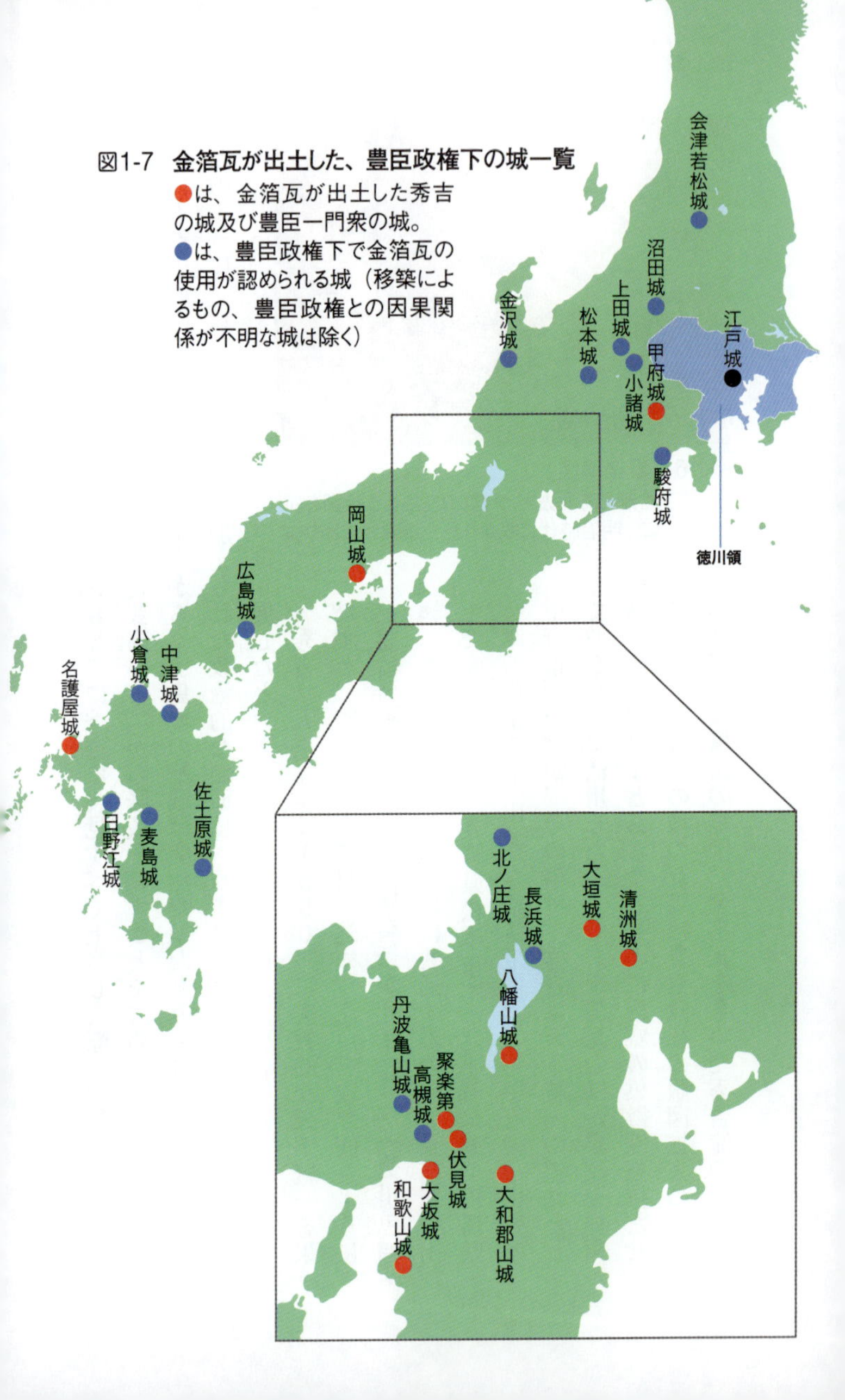

図1-7　金箔瓦が出土した、豊臣政権下の城一覧
●は、金箔瓦が出土した秀吉の城及び豊臣一門衆の城。
●は、豊臣政権下で金箔瓦の使用が認められる城（移築によるもの、豊臣政権との因果関係が不明な城は除く）

造許可は、家臣にとっても特別な意味があったでしょう。

秀吉にとって城が政治的なツールであったことを示すのが、東日本の城です。東日本では豪壮な高石垣や天守を備えた、いわゆる〝一般的な城〟をあまり見かけません。それは、そうした城が西国で生まれて西国で発展するからです。信長や秀吉の城、およびその城づくりに関わった家臣でなければ、築城の術や城の概念を知らないのです。東日本には城が残っていないのではなく、そもそも〝一般的な城〟があまり存在しません。

図1-8　会津若松城
石垣の多くは改築時のものだが、天守台は蒲生氏郷が積んだとされる。

ですから、東日本の〝一般的な城〟には、秀吉政権との関わりを見出せます。その代表例が、会津若松城です。築いたのは、天正18年に秀吉による東北支配（奥州仕置）でやってきた蒲生(がもう)氏郷(うじさと)。前身の黒川城は、伊達政宗が南奥州の最大勢力だった蘆名(あしな)氏から命懸けで奪った東北支配の要でした。秀吉は会津を重要視し、ようやく臣従した政宗から取り上げて信頼できる氏郷に任せたのです。会津若松城には、豊臣政権の軍事拠点として政宗や出羽の最上義光(もがみよしあき)、江戸の家康などの敵対勢力を牽制

図1-9　盛岡城
築城時の石垣もわずかに残る。

し、監視する重大な役割がありました。

氏郷が築いた城は東北一の規模を誇り、東北で初めてとなる日本最先端の技術を駆使した秀吉流の城でした。とにかく豪華かつ壮大で、なんと当時の天守は7重だったという説もあります。絢爛豪華な城は、敵対勢力だけでなく領民にも秀吉時代の到来を知らしめたことでしょう。

東北らしからぬ総石垣の城である盛岡城（岩手県盛岡市）も、秀吉政権と関わりがあります。築いたのは三戸南部氏26代・南部信直ですが、築城の指南をしたのは秀吉の家臣・浅野長吉（長政）です。奥州仕置の後に勃発した九戸一揆（九戸政実の乱）を鎮圧すべく派遣されたのが、長吉と蒲生氏郷でした。長吉は奥州仕置の監督と戦後政策を処理する立場にあり、九戸一揆を制圧した後、大坂への帰途に信直へ築城を勧めたといわれています。盛岡城は企業でいうなら盛岡支店のような、秀吉政権の拠点ともいえる城でしょう。

東北にはこのほかに二本松城（福島県二本松市）、白河小峰城（福島県白河市）に立派な石垣がありますが、いずれも辿っていけば秀吉との関わりにつながります。東北屈指の石垣の城といわれる白河小峰城が石垣を多用した近世城郭となったのは、寛永年間のこと。寛永4年（1627）に丹羽長重が10万石余で入城し、幕命により寛永6年（1629）から約4年がかりで大改修しました。長重は、信長や秀吉に仕え安土城の普請奉行を務めた、丹羽長秀の子にあたります。

城の発展②　秀吉の朝鮮出兵

全国の大名が築城技術を習得し、城を築く転機となったのが文禄・慶長の役です。いわゆる朝鮮出兵（唐入り）のことで、明国征服を宣言した秀吉がその足がかりとして朝鮮半島に侵攻した、足かけ7年にわたる大戦を指します。派兵された人数は、西国の諸大名を中心に延べ約30万人。文禄元年～2年（1592～93）にかけての出兵は文禄の役、慶長2～3年（1597～98）の出兵は慶長の役と呼ばれます。

秀吉が拠点としたのが、玄界灘に面した東松浦半島の端部にある肥前名護屋城（佐賀県唐津市）です。黒田長政、加藤清正、小西行長ら九州の城づくりの達人たちに命じ、約5ヵ月の突貫工事で築かせました。ここに全国から数十万の兵とともに諸大名が集結し、朝鮮半島へと渡海していきました。

肥前名護屋城の敷地面積は約17万ヘクタールとともかく広大で、『肥前名護屋城図屏風』（佐賀

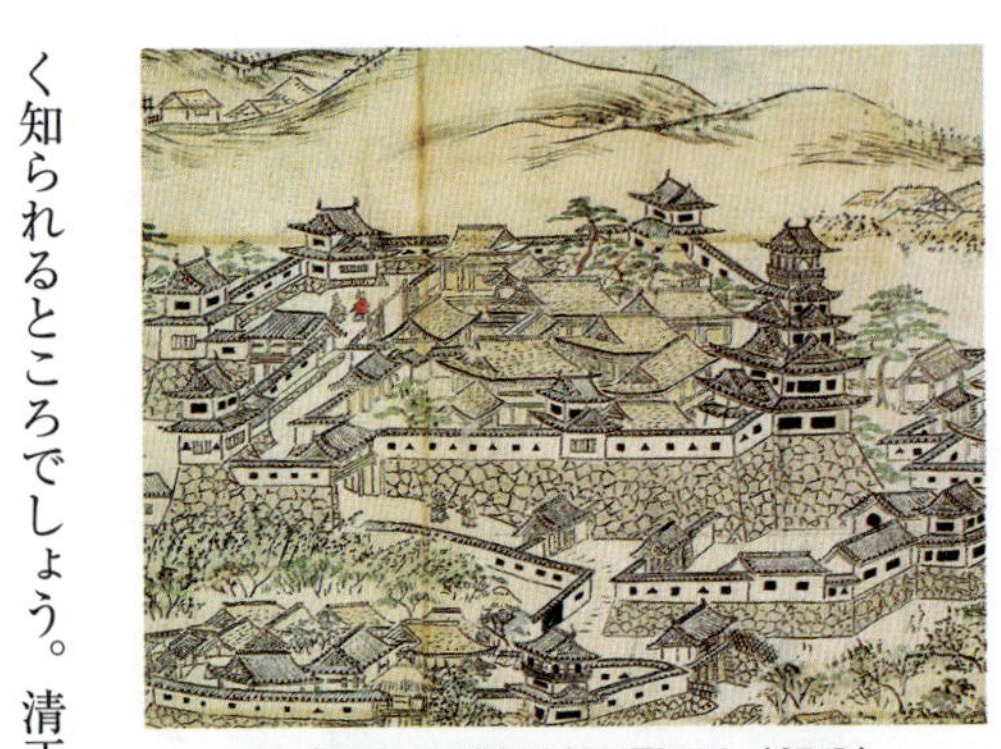

図1-10『肥前名護屋城図屏風』（部分）
狩野光信の作。下絵または写しとされる、六曲一隻の屏風。肥前名護屋城の天守も描かれている。　所蔵：佐賀県立名護屋城博物館

県立名護屋城博物館蔵）によれば、5重の天守がそびえ、山里丸には能舞台や茶室が設けられていました。周囲3キロの範囲に並び建つのは、130ヵ所以上にも及ぶ諸大名の陣屋。城下町には武士や商人などが行き交い、人口20万がひしめく大坂に次ぐ一大都市を形成していたとされます。

また秀吉軍は、出兵先の朝鮮半島南沿岸に倭城（わじょう）と呼ばれる日本式の城をたくさん築きました。慶長の役における蔚山（ウルサン）城の戦いで餓死寸前の籠城戦を経験した加藤清正が、帰国後に築いた熊本城に異様なまでの籠城対策をした話はよく知られるところでしょう。清正が文禄2年（1593）に築いた西生浦（ソセンポ）倭城を実際に訪れてみると、石垣に熊本城の試作品のような雰囲気が感じられます。築城の目的が熊本城とは異なりますから構造は同じではありませんが、実戦的な城づくりの発展や技術力の向上という意味では、倭城築城が大きな影響を及ぼしたといえそうです。

図1-11『征倭紀功図巻』（部分）
明の従軍絵師が描いたとされる順天倭城。左上に天守が描かれる。

いくつかの倭城を訪れて印象的だったのが、天守台があることです。天守が権力誇示のためだけにあるのなら、侵攻先の前線となる城にわざわざ天守を築く必要などありません。天守を築くことに、それ以外の意味があったということです。もしくは、当時の城において天守は城を構成する必需品だったのかもしれません。天守台があるだけで天守は建造されていなかった可能性もありますが、順天倭城の天守が描かれた絵図がありますし、西生浦倭城の天守台付近からは瓦が出土していますから、日本の城と同じ櫓や城門があったことは間違いなさそうです。

近年興味深いのが、浦戸城（高知県高知市）や三原城（広島県三原市）など、朝鮮出兵に備え、秀吉の命令により築かれたと推察できる城です。浦戸城は天正19年（１５９１）に長宗我部元親が築き大高坂城（高知県高知市）から移転した城ですが、朝鮮出兵の際の玄関口のひとつとして築かれたと推察すると腑に落ちる点があるのです。大高坂城が未完成のまま浦戸城へと移りながら、関

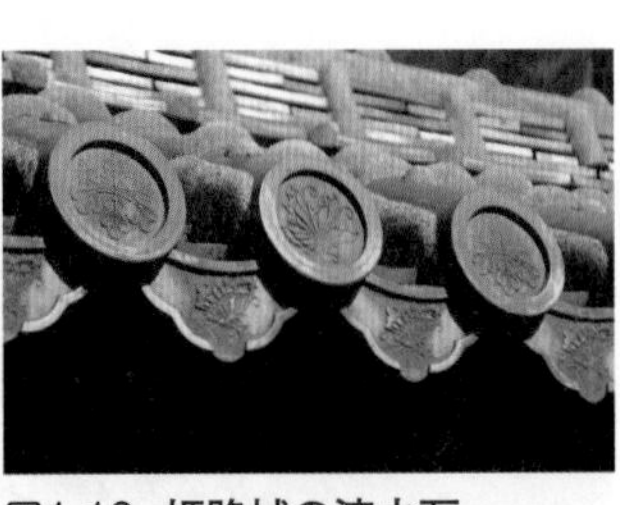
図1-12　姫路城の滴水瓦

ヶ原合戦後には城下町がつくれないという理由で廃城となり、山内一豊が大高坂城へ戻って高知城を築いていることも、そのひとつ。石垣の使用法や築造技術のほか、権威の顕在化を連想させる土佐唯一の天守台の存在からも、秀吉の城との類似性が感じられます。

倭城の築城は、その後の日本の城の発展に大きな影響を与えたようです。倭城を歩いていると、軍事施設としての緊張感をひしひしと感じます。こうした緊迫した状況下での築城が、技術力の飛躍的な向上と習得につながったのは間違いないでしょう。建物に関しては大量の瓦が見つかっていますが、朝鮮半島産に紛れ、新たに製造した和製の特注品もわずかに存在したようです。

朝鮮から持ち帰られたもののひとつが、姫路城（兵庫県姫路市）に代表される滴水瓦（てきすいがわら）です。瓦当面（がとうめん）が逆三角形をしていて、雨水がうまく滴る（したたる）ように工夫されています。麦島城（むぎしまじょう）（熊本県八代市）で平成8～15年（1996～2003）に行われた発掘調査では、小天守から金箔鯱瓦が出土したほか、小西行長が文禄の役の際に持ち帰った「隆慶二年（中国・朝鮮半島の年号／西暦1568）」とある滴水瓦が見つかりました。金石城（長崎県対馬市）で発見された滴水瓦も、釜山から持ち帰ったものと確認されています。

姫路城を大改築した池田輝政は朝鮮へは渡っていないため、なぜ姫路城で多用されたのかは疑問です。しかし、清正は陶工や瓦職人を連れて帰り、その渡来朝鮮人に熊本城の滴水瓦を造らせたともいわれますから、輝政がこれを気に入り、取り入れたとも考えられます。滴水瓦には、朝鮮へ出兵したステイタスのようなものもあったのかもしれません。

劣勢のなかで継続された朝鮮出兵は、慶長３年（１５９８）の秀吉の死によってようやく終焉を迎えます。多くの大名が家臣を失い、命からがら日本へと撤退しました。帰国後に疲弊した彼らを待っていたのは、天下人の死による情勢の緊迫でした。秀吉の跡を継いだ豊臣秀頼は、このときわずか６歳。政権を握った家康の勢力はますます強まり、関ヶ原合戦が起こる慶長５年までの２年間は、国内はかなりの軍事的緊張に包まれたはずです。そうした状況で各大名がすべきことは、領国を守ることでした。不穏な情勢下で、それぞれが新たに得た技術で城を強化していったのです。

城の発展③　秀吉から家康へ～築城ブームの到来

関ヶ原合戦を契機に、空前の築城ブームが訪れます。天下分け目の関ヶ原合戦ともいわれますが、徳川と豊臣との決着がつくのは15年も先のこと。世の中が二分されたことで隣国が敵になる可能性が高まり、合戦時の寝返りによって疑心暗鬼にもなりました。いつ第２の関ヶ原合戦が勃発するかわからない状況で、各大名はこぞって城を増強し自国の強化に奔走したのです。

また、関ヶ原合戦後は家康による配置換えが行われ、多くの大名が転封（てんぽう）しました。家康は関ヶ原合戦で活躍した豊臣恩顧の大名を論功行賞という形で遠ざけ、畿内と東海を押さえたのです。これにより、転封された大名が新たな領地で新しい城を築くことにもなりました。

加藤清正は朝鮮出兵から帰国すると熊本城の本格的な築城に取りかかり、難攻不落の大城郭をつくり上げました。過剰防衛ともいえる堅牢な設計は、秀吉のもとで磨いた技術を結集させた秀吉流の城の集大成といえ、不穏な情勢下での清正の動向が反映された城といえるでしょう。

新築だけでなく城の改修も各地で行われ、居城だけでなく支城（しじょう）も多くつくられました。筑前を拝領した黒田長政が設けた黒田六端城（ろくはじょう）（筑前六端城）と呼ばれる6つの城も、国境を守るための支城網です。本城の福岡城（福岡県福岡市）より東側に設けられ、うち5城は豊前との国境に置かれています。こうした支城網は各藩で構えられました。

全国の代表的な城の築城・改築開始年が関ヶ原合戦後なのも、このためです。姫路城は慶長6年（１６０１）、彦根城（滋賀県彦根市）は慶長9年（１６０４）、松江城（島根県松江市）は慶長12年（１６０７）です。

姫路城を大改修したのは、関ヶ原合戦後に播磨一国52万石を拝領した池田輝政です。輝政は家康の娘婿にあたり、姫路城は家康が大坂城を取り囲むように構築した、城による包囲網のひとつ

図1-13　三国濠越しに望む、姫路城天守群

と考えられます。関ヶ原合戦後、家康が警戒すべきことは豊臣恩顧の大名が大坂城へ結集し、江戸へ進軍することです。姫路城は中国と大坂の中間に位置し山陽道が通る交通の要衝にあり、西国の大名が大坂へ向かったときには、鉄壁となって食い止めるのが任務でした。

こうした背景で誕生した城ですから、天守もかなり実戦を想定したつくりになっています。天守群の壮麗さばかりに気を取られがちですが、姫路城は実はけっこうな戦闘仕様なのです。軍事施設であれば実用性さえ追求すればよく、絢爛豪華な天守など必要ないように思えますが、新領主の威厳と威光、さらには徳川政権の権力と新時代の到来を見せつけるのも姫路城の重要な役割でした。強さと美しさを兼ね備えるのが、この時代の城のあり方だったのです。

図1-14　彦根城天守

彦根城も、転封した大名により徳川政権下で新築された重要な城です。関ヶ原合戦後、中山道と北国街道という大動脈が走るこの地を重要視した家康は、大坂城を牽制する拠点とすべく重臣の井伊直政に託しました。軍事的役割を担うだけでなく、徳川家の権力と威厳を見せつけて新時代の到来を示すのも、彦根城に課せられた重要な側面だったでしょう。こうした情勢下で、実戦に役立つ軍事力と権力を誇示する豪華さを兼ね備えた彦根城が誕生したのでした。

直政は、旧領主の石田三成が居城とした佐和山城（滋賀県彦根市）を廃城とし、新時代にふさわしい城として彦根城の新築を計画しました。関ヶ原合戦の傷が原因で亡くなったため、跡を継いだ直継・直孝が彦根城を築きました。平成24～25年（2012～13）度に行われた調査では、築城時の正面虎口（こぐち）にあたる鐘の丸西側の石垣から佐和山城の石材が見つかっています。三成ゆかりの城の石材を目立つ位置に据えたとも言え、政権交代誇示の意図も推察されます。

松江城は、転封となった豊臣恩顧の大名により新築された城の例です。関ヶ原合戦の戦功によって出雲・隠岐24万石を拝領し初代松江藩主となった、堀尾忠氏（堀尾吉晴の子）により築城が開始されました。

井伊家が佐和山城から彦根城へと移転したことからもわかるように、この時期はちょうど、城の転換期にあたります。堀尾家もはじめは富田城（島根県安来市）に入りましたが、新たに松江城を築いて居城を移しました。それまでの出雲の中心地は尼子氏が本拠とした富田城でしたが、城下町の発展などを見込むとふさわしくなく、新時代の城として新たに松江城が築かれたのです。城地選定中に忠氏が早世したため2代・忠晴が跡を継ぎましたが、幼少のため吉晴が後見人となって築城に心血を注ぎ、松江の礎を築きました。

図1-15　松江城天守

城の発展④　天下普請による家康の「大坂包囲網」

各大名による築城ブームに先立ち、家康は城の改修と新築を次々に行っています。慶長6年に実質的な権力者となり天下をほぼ掌握すると、遠くない未来に起こるであろう豊臣家との決戦に向けて動き出したのです。まずは京都を押さえる拠点とすべく、膳所城（滋賀県大津市）の築城を開始。続いて、同年に伏見城を改修すると、慶長7年（1602）には二条城を築かせました。

膳所城や二条城に用いられたのが「天下普請」と呼ばれる築城システムです。幕命により全国の諸大名が請け負う築城工事のことで、資材費も人件費もすべて大名の負担であるため、経済的に大きな打撃を請け負う大名に与えられます。幕藩体制を盤石にしたい家康にとって、反逆者となりうる大名の財力を削ぎ、抵抗心を制御する最適の政策でした。秀吉のもとで城づくりに励み技術を磨いた、西国の大名を動員できる利点もありました。

慶長9年に築城開始された彦根城も、天下普請により築かれた城です。慶長6年には福井城（福井県福井市）、慶長7年には加納城（岐阜県岐阜市）、慶長14年（1609）には丹波亀山城（京都府亀岡市）、篠山城（兵庫県篠山市）が、慶長16年（1611）には伊賀上野城（三重県伊賀市）が天下普請で築かれました。

これらの城は、「大坂包囲網」と呼ばれる、豊臣家を封じ込めるための城による包囲網でした。天下普請の城に加え、慶長5年には和歌山城（和歌山県和歌山市）、鳥取城（鳥取県鳥取市）、岡山城、慶長6年には小浜城（福井県小浜市）、姫路城、桑名城（三重県桑名市）、慶長8年（1603）には津山城（岡山県津山市）、慶長11年（1606）には長浜城（滋賀県長浜

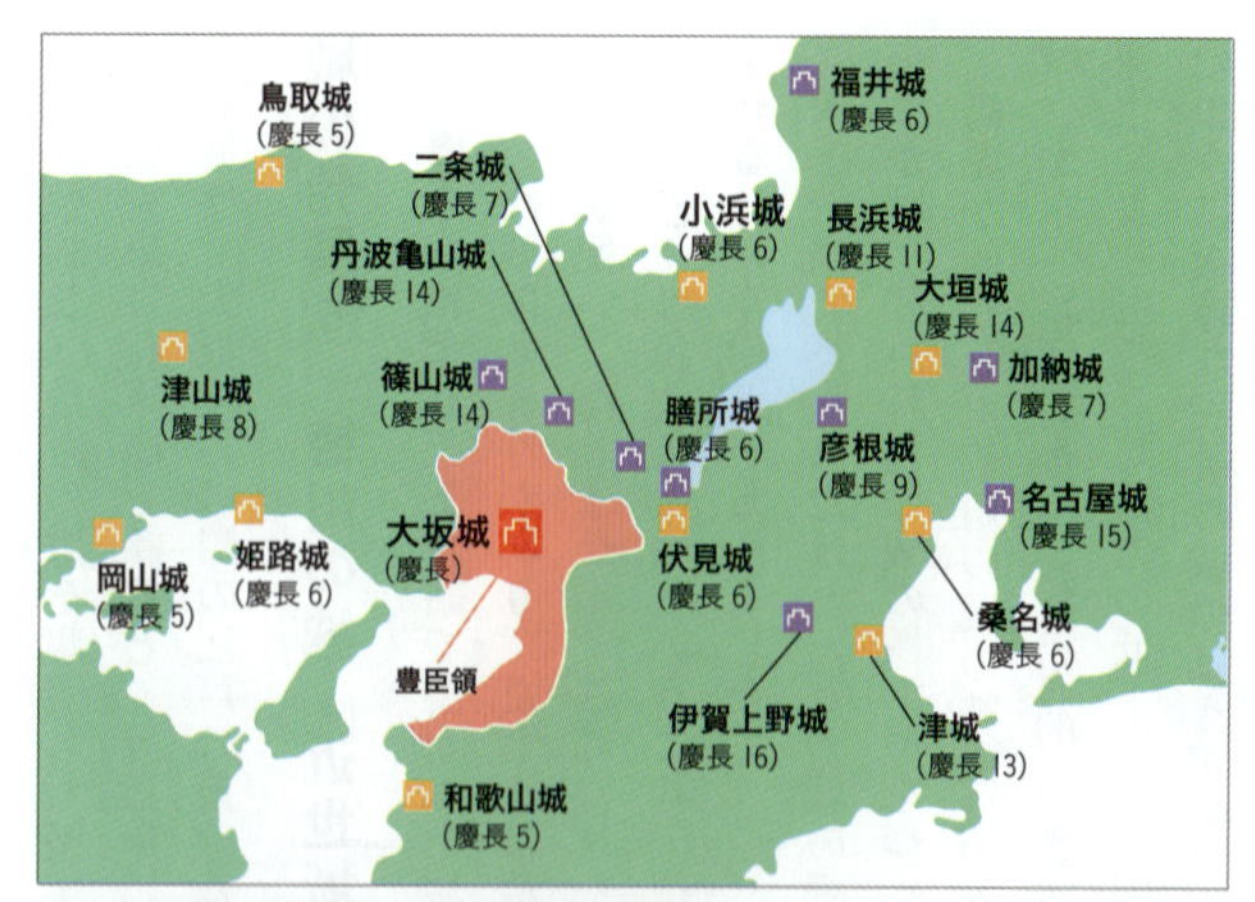

図1-16　天下普請の城と大坂包囲網

□は天下普請の城、□は関ヶ原合戦後に築城・改修されたおもな城。（　）内は築城・改修の開始年。徳川家康は豊臣家を封じ込めるため、大坂城を取り囲むように城を新築・改造し、城による包囲網を構築した。

市）、慶長13年（１６０８）には津城（三重県津市）、慶長14年には大垣城（岐阜県大垣市）と、大坂城を囲むように、主要街道沿いの城が新築・改築されたり、城主が徳川方に引き込まれたりしました。豊臣恩顧の西国大名が結集するのを防ぐべく、家康は畿内を押さえ、外様大名と縁戚関係を結ぶなどして盤石な体制を確立していきました。

大坂包囲網の総仕上げとなったのが、慶長15年（１６１０）の名古屋城（愛知県名古屋市）の築城です。豊臣軍が大坂に結集し、もし大坂包囲網を突破して江戸へと進軍してきた場合、東海道上で迎え撃つ最後の砦でした。こうして、20大名が動員された天下普請によって、西国大名を牽制し、数万の敵を想定した堅牢な巨大城郭が誕生したのです。家康は慶長10年（1605）に秀忠に将軍職を譲ると、翌11年には隠居城として駿府城の改修に着手します。東海道上の駿府城は、大坂攻めの際の江戸の前線基地であり、最終防衛線となる城だったと考えられます。

城の発展⑤　徳川の城～近世城郭の完成

家康の命により天下普請で築かれた城は、同一規格なのが最大の特徴です。秀吉時代に各大名が築いた城は多様性があり、たとえば清正の熊本城は堅牢ではあるものの設計が複雑で、築いた清正しか使いこなせません。これに対して徳川の城は、統一化されているため実用がスムーズです。つまりは各大名の城というより、徳川政権の城でした。いつ誰が命を受けてもすぐに使いこなせるという利点がありました。

天下普請で築かれたほとんどの城の縄張（設計）をしたのは、藤堂高虎（とうどうたかとら）です。生涯で17もの城を手がけ、江戸時代の城の標準型をつくりました。

高虎が確立した徳川の城の特徴は、合理的であることです。それまでの〝徹底的に守り戦う城〟から、〝無駄を省いた機能的な城〟に方向を転換。直線を生かした単純明快なものとし、単純化により生じる防備力の低下も、多聞（たもん）櫓などを直線上に並べる防御装置で補いました。熊本城のように複雑な設計の城のほうが難攻不落な気がしますが、実は徳川大坂城や名古屋城のほう

図1-17　名古屋城の天守と西南隅櫓

が、単純構造ながら無駄や隙がなく堅牢です。水堀から直接立ち上がる高い石垣も層塔型天守も、高虎により開発されました。

規格化することで資材や人員が削減でき、工期も短縮できます。費用をかけずに実用的な城を早急につくる必要があった家康にとっては理想的な城であり、徳川系の城で採用されて天下普請で全国に広まりました。高虎は、慶長13年には伊賀・伊勢22万石を拝領し、慶長16年からは大坂の豊臣方との決戦に備えて、伊賀上野城の大改修を任されています。外様大名でありながら、かなり信頼されていたといえるでしょう。

天守をはじめとして建物も規格化され、外観もシンプルになっていきます。徳川幕府系の城は外観が重視され、巨大化します。秀吉の城を凌駕することで、権力を示そうとしたのでしょうか。秀吉の城のように金箔を使うなどの華やかさは取り払われてしまいましたが、その反面、壁面に大きな破風(はふ)が配されたり、高級素材が用いられたりと、格を重んじた別の華やかさが生まれました。幕府体制が確立されるにつれ、実用性は薄れていきます。

家康は慶長8年に征夷大将軍に任じられ江戸幕府を開くと、江戸城(東京都千代田区)を天下普請によって本格的に大改修しました。縄張を担当したのは、もちろん高虎です。全国から大名が駆り出され、徳川将軍家の本城にふさわしい最高峰の城がつくられました。築城工事は2代・秀忠、3代・家光の代まで続き、寛永15年(1638)にようやく一応の完成をみます。

江戸城の天守は、家康・秀忠・家光と3人の将軍がそれぞれ建造しました。なかでも家光が寛永14年(1637)に築いた3代目の天守(通称・寛永度天守)は、現存する姫路城天守も凌駕する日本史上最大の天守だったと考えられます。五重5階地下1階で、高さは約58メートル。銅板張りで銅瓦葺きの真っ黒な天守だったとみられます。江戸城下から見るその姿は威厳に満ち、城下のどこからでも見え、徳川家の威光を示していたことでしょう。

慶長11年に家康が隠居城として築かせた駿府城の天守は、江戸城天守を凌ぐ大きさだった可能性が出てきました。慶長12年に焼失し、すぐに再建された天守です。六重7階で、1階と2階に廻縁(まわりえん)と高欄がめぐらされ、黒漆または銅板張りの下見板張り。屋根には銅瓦と鉛瓦が葺かれていたようです。

一国一城令による築城ブームの終焉

慶長20年（１６１５）の一国一城令により、わずか15年ほどで築城ブームは終わります。天守は長い年月をかけて各地に築かれていったようなイメージがありますが、実は短期間で一気に築かれ終焉を迎えた、打ち上げ花火のような存在なのです。

一国一城令は家康が発案し江戸幕府が公布した大名統制令のひとつで、ひとつの国に居城だけを残し、それ以外を廃絶するものです。城は反逆の拠点になりますから、幕府としては当然の措置といえるでしょう。これにより、３０００近くあった城は約１７０に激減しました。

一国一城令は、信長がはじめた破城（城割）と呼ばれる城の破却が発展したものです。信長が支配権の変化を城の破壊で知らしめるべく領国単位での一国破城を実施したのに対し、秀吉は領国体制の整備を目的として破城を行いました。必要な城だけを残して不要な城は破却するやり方で、これが一国一城令につながる先駆けといえそうです。

一国一城令では、一国を複数の大名で分割統治している場合は大名ごとに1城とし、一大名が複数の領国を領有している場合は、国ごとに1城を残しました。実際には柔軟に適用されていたようで、江戸幕府との関わりにより2城や3城が存続する例外もありました。

武家諸法度と正保城絵図

同年の元和元年（1615）には、武家諸法度も公布されました。武家諸法度とは、江戸幕府による武家（大名）への統制令。そのひとつにあった城についての定めが、居城の修復の際には幕府に必ず届け出ること、修復以外の工事を禁じるものでした。この法令によって、城内の建造物の新築はもちろん、改修や増築にも幕府の許可が必要になりました。寛永12年（1635）の武家諸法度改訂で、堀や石垣などの修復は幕府へ届け出て修復の許可を得ることとし、櫓や城門、土塀などは元通りに修復することを条件に届け出が免除されることになります。

実際には、幕府に届け出て可否を仰ぐことが一般化しました。石垣や堀などの修復も幕府への申請が基本で、たとえば修復を行う場合は『修補願図』という城絵図を作製し、修復箇所を図示して書状に添付し届け出ました。部分的な修復でも城の全域を描き起こし、石垣や堀などの修復箇所を朱線で示し、各修復箇所に範囲と寸法などの破損の状況が細かく記入されました。

例外的に築かれた城も、40城前後存在しました。いずれも、江戸幕府によるなんらかの目的がある城です。たとえば寛永元年（1624）に完成した島原城（長崎県島原市）は、キリシタンに対する牽制と九州・西国の諸大名への押さえとして特例で築城が許されました。

丸亀城（香川県丸亀市）のように、立藩して築かれた城もありました。丸亀城はもともと慶長

2年（1597）に生駒親正が高松城（香川県高松市）の支城として築いた城ですから、一国一城令によって廃城となっています。しかし寛永17年（1640）のお家騒動（生駒騒動）により讃岐が分割されたのを機に、寛永18年（1641）に5万石で山崎家治が入り、丸亀藩が立藩して城が大改造されました。ちなみに現存する天守を築いたのは、山崎家断絶後の万治元年（1658）に入った京極高和です。天守の鬼瓦や丸瓦に、京極家の家紋・四つ目結紋が燦然と輝くのはそのためです。

天守をはじめ、江戸時代の城の姿を確認できるのが、『正保城絵図』です。正保元年（1644）年に3代将軍・徳川家光が諸藩に命じて作製させた絵図で、城郭を中心とした軍事施設が主題とされ、城内の建造物、石垣の高さ、堀の幅や水深などの情報、城下の町割りや山川の位置・形も詳細に記されています。江戸時代の城の全体構造がもっとも忠実に描かれた史料といえますから、現在失われてしまった天守の存在や姿を知ることができます。

図1-18　丸亀城天守

天守代用の櫓と特例の天守

全国の城を訪れていると「天守代用」という言葉をよく目にしま

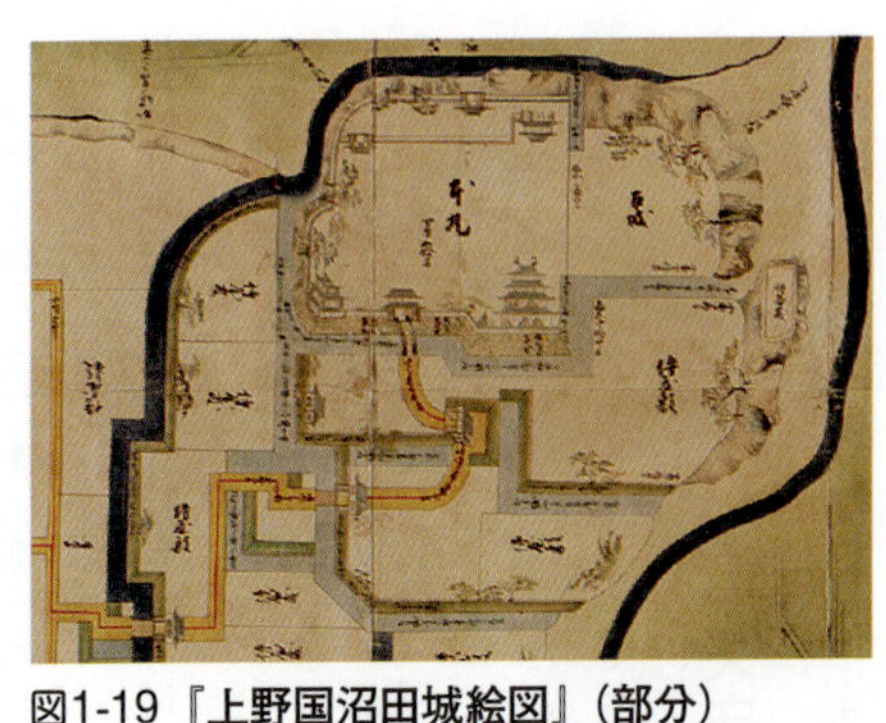

図1-19『上野国沼田城絵図』（部分）
正保城絵図の1つ。4代・真田信政の時代の沼田城と城下町のようすがわかる。初代・真田信之が慶長年間に築いたとされる天守が描かれている。　所蔵：国立公文書館

す。慶長20年以降は天守の新造が許されなかったため、天守に匹敵する三重櫓を築き、天守の代用品とする城が多くありました。櫓は射撃場を発祥とする建物で、監視のための物見櫓、武器を保管する武具櫓、塩を貯蔵する塩櫓、月見をする月見櫓などさまざまな用途に使われました。長屋のような単層の平櫓もありますが、二重櫓が一般的。三重櫓は物見や射撃の場として使うには高さがありすぎるため、あまりつくられません。

三重櫓は規模も意匠も天守と遜色なく、多くの城で天守の代用品として築かれました。白石城（宮城県白石市）の大櫓、白河小峰城の三重櫓、新発田城（新潟県新発田市）の三階櫓も、天守代用の三重櫓です。

文化7年（1810）に再建された弘前城（青森県弘前市）の天守や万治3年（1660）に建造された丸亀城天守も、本来は三重櫓として建てられた天守代用の櫓です。弘前城の天守は落雷により寛永4年（1627）に焼失してしまったため、本丸辰巳櫓の改築という名目で幕府の

許可を取得し、三重櫓が建てられ天守代用とされました。小規模かつ、城内側と城外側とで外観が異なるのはそのためです。天守は４面を装飾しますが、櫓は基本的に城内側に装飾をしません。

天守代用の三重櫓以外に三重櫓が建てられたのは、徳川幕府系の城などの大城郭のみです。徳川大坂城には12棟、岡山城と福山城（広島県福山市）には７棟、江戸城と高松城には５棟、名古屋城には４棟ありました。江戸城の富士見櫓や名古屋城の西北隅櫓などが現存しています。

図1-20　**弘前城天守**
天守代用の櫓として建てられ、「御三階櫓」と呼ばれた。

現存する三重櫓でもっとも大規模なのが、熊本城の宇土櫓です。３重５階で、最上階には廻縁と高欄がめぐらされています。装飾も４面に施され、天守と比較してもまったく遜色なく、第３の天守と呼ばれる威容を誇ります。現存する高知城（高知県高知市）天守や丸岡城（福井県坂井市）の天守より大きく、平面規模は姫路城天守、松江城天守に次いで第３位。熊本城には宇土櫓を含め６棟の三重櫓が建ち並んでいました

（うち5棟は5階櫓）。

天守台だけの城と天守の縮小・破却

天守台のみが存在し、天守が建てられない城もありました。もともと天守建造の計画がなかった城もあれば、計画はあったものの幕府への配慮から中止されたもの、焼失後に再建されなかったものもあります。

仙台城（宮城県仙台市）や鹿児島城（鹿児島県鹿児島市）、久保田城（秋田県秋田市）などは天守建造計画そのものを早い段階で断念したようです。篠山城や明石城（兵庫県明石市）、赤穂城（兵庫県赤穂市）などは天守台を築いたものの、天守建造を早い段階で中止したとみられます。

黒田長政が関ヶ原合戦後に築いた福岡城には天守台がありますが、天守が建っていたかどうかは定かではありません。地階には礎石も残っているのですが、建物の姿が確認できる文献や絵図が存在しないのです。ただし元和6年（1620）には、長政が幕府に遠慮して天守を破壊したとの噂が江戸で広まったという書状が残っています。この頃は徳川大坂城の天下普請が開始されるため、破壊した天守の材木や石垣を大坂に運ぶと宣言することで長政が家臣を鼓舞し、幕府への至誠を示したとも考えられています。

図1-21　**松山城天守**
５重天守が建っていた天守台に、３重天守が建てられた。

同じく甲府城にも、文禄2年に城を完成させた浅野長政・幸長（よしなが）により築かれたとみられる立派な天守台があります。もしこの上に建っていたとなればかなり大きな天守ですが、存在したかどうかははっきりしません。

江戸城天守（寛永度天守）は、完成からわずか20年後の明暦（めいれき）３年（１６５７）に明暦の大火（たいか）（振袖火事）で焼失してしまい、その後は再建されませんでした。４代・家綱は再建を計画し天守台はすぐさま積み直されましたが、補佐役の保科正之が財政難を理由に中止を進言したことで天守建造は取りやめとなりました。焼け野原となった江戸の建て直しを考えれば、財政難に陥るのは必至。権力誇示にすぎない天守は当時の幕府にはもはや必要なかったのでしょう。以後、再建計画は持ち上がりましたが再建されることはなく、幕末を迎えました。

　金沢城（石川県金沢市）、福井城、駿府城、二条城、徳川大坂城、大和郡山城（奈良県大和郡山市）、小倉城（福岡県北九州市）、島原城、府内城（大分県大分市）などの天守も、江戸時代に火災や地震で失われた後、再建されませんでした。

　一方、江戸時代に再建された天守もあります。現存する松山城（愛媛県松山市）の天守がその例です。慶長7年に築城した加藤嘉明（よしあき）が築いた5重天守は、寛永12年（１６３５）に入城した松平定行によって寛永19年（１６４２）に3重天守に縮小されました。幕府への配慮でしょうか、江戸時代に縮小して建て直すことは珍しくなかったようです。その3重天守も天明4年（１７８４）元旦に落雷で焼失したため、文政3年（１８２０）から再建され、34年を経て安政元年（１８５４）に現在残る天守が竣工しました。松平定行が入った後は、幕末まで松平氏が治めています。松山城天守の瓦に、現存する天守で唯一、葵の御紋が付されているのはそのためです。

幕末に築かれた城と台場

　江戸時代の大名は、家格に応じて国持（国主）大名、国持並（准国主）大名、城持（城主）大名、城持並（城主格）大名、無城大名の5つに区分されていました。城を持てない無城大名の居所として置かれたのが陣屋で、徳川三百諸侯といわれる大名のうち１００家余が無城大名で陣屋を住まいとしていました。上級旗本、大藩で知行を持つ家老、飛地を持つ大名が現地支配のために陣屋を置くこともありました。陣屋は行政・居住機能に特化されたものが多く、石垣は低く塀は幅が狭いなど、軍事機能は低いのが一般的でした。

日本最後の和式築城となったのが、松前城（北海道松前郡松前町）です。ロシア艦隊の上陸をきっかけに、嘉永２年（１８４９）に海防強化のために築城が命じられました。嘉永６年（１８５３）のペリー来航を契機に、全国各地の沿岸地域約８００ヵ所に築造された砲台が台場です。

嘉永７年（１８５４）に日米和親条約が締結され箱館と下田の開港が決定すると、幕府は箱館を直轄地として箱館奉行所を置きました。沿岸には砲台を整備し、役所は丘陵地へと移転。新役所として新築されたのが五稜郭（北海道函館市）です。

戊辰戦争と城

慶応４年（１８６８）から明治２年（１８６９）５月、城は新政府軍と旧幕府軍とが激突した戊辰戦争の舞台となります。宇都宮城（栃木県宇都宮市）、白河小峰城、長岡城（新潟県長岡市）、横手城（秋田県横手市）、二本松城、松前城など、多くの城で戦いが起こりました。白河口の戦いで落城した白河小峰城は、平成３年（１９９１）に木造復元された三重櫓の用材に、激戦地となった稲荷山の杉の大木を使用しています。鉄砲の鉛玉や弾傷の残る木材がそのまま加工さ

図1-22　白河小峰城
復元された三重櫓には、戊辰戦争での激戦地の木材が使われている。

れ、柱や床板、腰板などの痕跡が激戦を物語ります。

過酷な籠城戦を強いられたのが、会津戦争の舞台となった会津若松城です。天守は激しい砲撃を浴びながら1ヵ月も耐え凌ぎましたが、やがて開城。古写真には、砲弾による屋根や出窓、壁面の損傷が生々しく残されています。天守は明治7年（1874）に破却されましたが、古写真をもとに昭和40年（1965）に外観復元されています。

廃藩置県と廃城令

明治4年（1871）に廃藩置県により全国が新政府の直轄になると、陸軍は4鎮台（東京・大阪・鎮西・東北）8分営を設置して各地に軍隊を駐在させました。

明治6年（１８７３）、太政官から陸軍省に廃城令（正式名称は「全国城郭存廃ノ処分並兵営地等撰定方」）が通達されます。陸軍省所管財産であった城の土地や建物を、存城処分として陸軍省所管の行政財産とするか、廃城処分として大蔵省所管の普通財産にして売却処分するかに分けるものです。43城1要害が存城処分として残り、その他の城のほとんどは廃城とされました。

廃藩置県による城の取り壊しは、明治3年（１８７０）頃からはじまっていたようです。小田原城（神奈川県小田原市）は明治3年の廃城とともに天守以下のほとんどの建造物が取り壊されていますし、膳所城も天守以下の建物が解体され、城門が移築されています。米子城（鳥取県米子市）は明治5年（１８７２）に士族に払い下げられたものの、維持しきれずに切り売りされました。

存城処分といっても素晴らしい城を後世に残すことが目的ではなく、あくまで陸軍用地としての利用が目的でした。ですから軍の施設建設のために広大な敷地を確保すべく、石垣は壊され堀は埋め立てられ、建物も次々に破却されました。城は文字通り、無用の長物となったのです。

廃城処分になった城は、天守や櫓、城門や土塀などの建造物をはじめ、城内の立ち木までもが競売の対象となって民間に払い下げられました。とはいえ、天守や櫓のような巨大な建造物を落札したところで移築や維持に莫大な費用がかかるだけですから、信じられないほどの安価で売却

図1-23　備中松山城天守

されました。姫路城天守も、なんと23円50銭で落札されています。木材や鋳物など換金できるものは根こそぎ取られ、土地は住宅地や耕作地となっていきました。天守や櫓の材木が薪として風呂屋に売られることも珍しくなかったようです。

備中松山城（岡山県高梁市）の天守は、標高約430メートルの山上という高所にあるため生き残った奇跡的な例です。高い山の上にある天守は破却費用すら捻出できなかったようで、そのまま放置されたとみられます。そのおかげで、二重櫓とともに木々に守られ、太平洋戦争の戦火も免れてひっそりと時を超えました。

しばらくすると文化的な価値に目が向けられるようになり、保存の動きが出はじめました。姫路城の場合は、陸軍の中村重遠大佐が陸軍卿の山縣有朋に芸術的・城塞的価値を述べた建白書を提出

図1-24　犬山城天守

し、明治12年（1879）の保存にいたっていました。すでに御殿など多くの建造物が失われていましたが、天守群ほか多くの櫓や土塀などが今日まで生き残ることとなりました。

彦根城は、明治天皇の巡幸があり、明治11年（1878）に宮内卿から県令に保存の沙汰が伝えられたおかげで取り壊しを免れた経緯があります。北陸巡幸の帰りに彦根に立ち寄った天皇に大隈重信が保存を願い入れ、同意した天皇の勅命により命を救われました。

松江城は明治8年（1875）に払い下げられましたが、天守は旧藩の銅山経営にあたった豪農勝部本右衛門と元藩士の高城権八らが資金を調達して買い戻したと伝えられます。丸亀城は天守と大手門は旧藩主の懇願により破却を免れたとされています。

どの城においても、残った建物は県庁舎や軍施設へ

図1-25　松本城の天守

転用されるケースがほとんどでした。

　廃城処分となっても、運良く生き残った天守がいくつかあります。弘前城、丸岡城、松本城、大垣城、犬山城（愛知県犬山市）、備中松山城、福山城の天守などです。

　松本城は廃城となり競売にかけられて取り壊しが決まりましたが、下横田町の副戸長・市川量造さんにより救われました。天守で5回も博覧会を開催し、その利益を買い戻しの資金に補充、さらに私財を投げ打って寄付を募るなどしました。やがて荒廃が進んだ天守を救ったのが松本中学校長の小林有也さんで、資金調達に奔走し、明治36〜大正2年（1903〜1913）の明治大修理の中心人物となりました。天守5階北側の柱にある傷はその工事の際のものといわれ、傾いた天守に縄をかけて引き起こした跡という逸話があります。

犬山城は、天守以外の建物はことごとく破却されましたが、明治24年（１８９１）にマグニチュード８・０の濃尾地震で天守が半壊したのを機に、修理を条件として愛知県から旧藩主の成瀬家に譲与され、成瀬家と犬山町民が義援金を募って修復されました。平成16年（２００４）まで全国唯一の個人所有だった珍しい城で、現在は財団法人犬山城白帝文庫の所有となっています。

明治23年（１８９０）頃になると、元藩主や地方団体を相手に、不要になった城が相当な対価で払い下げられました。この頃になると、史跡保護の概念が生まれます。

太平洋戦争による焼失

昭和に入っても、天守は約60棟、１９４０年代にも20棟が残っていました。しかし、かろうじて生き延びた城に第二次世界大戦の空襲が襲いかかります。昭和20年（１９４５）の空襲で、水戸城（茨城県水戸市）・大垣城・名古屋城・和歌山城・岡山城・福山城・広島城の7棟の天守が焼失してしまいました。

名古屋城天守は、昭和20年5月14日の空襲で、本丸御殿もろとも灰燼（かいじん）に帰しました。空襲は午前8時から1時間以上にわたり継続。炎上する天守の古写真を見ると、煙で太陽光が遮断されているため朝だというのに空は真っ暗です。空襲時はちょうど金鯱を下ろそうと天守の周囲に足場が組まれ、窓を開け放っている状態でした。そこから焼夷弾が天守内に飛び込み、瞬く間に炎上したといいます。Ｂ29から撮影された空襲時の写真も残っていますが、激しく立ち上る煙に包まれ名古屋城の姿は見えません。天守は約２時間で焼け落ち、隣接する小天守、本丸御殿、東北隅櫓、正門（蓮池門）なども炎上。名古屋城のシンボルであった金鯱も焼け落ち、後に無惨な金塊として発見されています。

その後、松前城の天守が失火で失われたため、現存する天守は姫路城・松本城・彦根城・松江城・犬山城・弘前城・丸岡城・備中松山城・松山城・丸亀城・宇和島城（愛媛県宇和島市）・高知城の12棟となっています。

旧国宝の指定と改正

昭和４年（１９２９）に国宝保存法が定められると、城もようやく文化財として保存・公開・活用される対象となりました。昭和５年（１９３０）には名古屋城天守や本丸御殿、翌年には姫路城大天守、岡山城天守、広島城天守、福山城天守などが旧国宝に指定されています。

昭和25年（１９５０）に文化財保護法が制定されると、国宝保存法に基づき指定されていた旧国宝はすべて重要文化財となりました。名古屋城や熊本城など、戦後に国宝から重要文化財に変更された城が多くあるのは、格下げされたからではなく、法改定によるものです。文化財保護法により、現在の国宝が改めて指定されました。

国や地方自治体の指定・選定・登録の有無にかかわらず、有形無形の文化的遺産全般は「文化財」と称され、６つのカテゴリーに分類されます。そのうちの「有形文化財」で重要なものとして国に指定されたものが「重要文化財」です。重要文化財のうち、世界文化の見地などから判断した貴重性、製作が極めてすぐれ文化史的意義が深いもの、学術的価値が高く歴史上意義の深いもの、といった指定条件に該当するものは文部科学大臣により「国宝」に指定されます。

「記念物」も同様に、国や県・市により「史跡」「名勝」「天然記念物」とされます。国に指定されたもののうち、とくに重要度が高く日本文化の象徴と評価されるものが「特別史跡」「特別名勝」「特別天然記念物」に指定されます。

戦後復興と復元天守

天守には「現存天守」「復元天守」「復興天守」「模擬天守」などの呼称があります。現存天守とは現存する天守のことで、前述の12天守を指します。

復元天守とは、焼失や破却された天守を史料などに基づいて忠実に再現したものです。資材や工法までこだわった忠実なものもあれば、見た目だけを復元したものもあります。鉄骨鉄筋コンクリート構造などで外観だけを再現したものは、外観復元天守と分類する場合もあります。

図1-26　名古屋城天守
鉄骨鉄筋コンクリート造の外見復元天守。昭和34年（1959）に竣工した。

平成16年（2004）に完成した大洲城（愛媛県大洲市）の天守は、明治期の古写真や築城当時に使用された雛形、発掘調査などの資料をもとに忠実に建てられた木造復元天守です。すべて国産の木材を使用し、伝統工法で再建されています。鉄筋コンクリート造ながら外観を再現した名古屋城や広島城、和歌山城、熊本城の天守などが、外観復元天守の例です。

復興天守は、天守の存在は確実ながら、史料不足などにより姿が不明なために忠実な再現ができず、本来の場所に推定で再建した天守のことです。大阪城天守閣がその代表例です。小倉城や小田原城の天守など、規模や意匠を意図的に変更したものも含みます。

模擬天守は、もともと天守が存在しなかっ

図1-27　大阪城天守閣
鉄骨鉄筋コンクリート造の復興天守。昭和６年（1931）の竣工。平成９年（1997）には登録有形文化財に指定された。

た、もしくは存在したかどうか不明な城に建てられたものです。観光客誘致のために建てられたものが多いかもしれません。清洲城（愛知県清須市）、今治城（愛媛県今治市）、墨俣城（岐阜県大垣市）などの天守がその例です。

日本初のコンクリート製の模擬天守は、昭和３年（１９２８）に建てられた洲本城（兵庫県洲本市）の天守です。昭和６年（１９３１）建造の大阪城天守閣、昭和８年（１９３３）建造の郡上八幡城（岐阜県郡上市）の模擬天守、昭和10年（１９３５）建造の伊賀上野城の模擬天守などが、同じく戦前に建てられた天守です。

戦後、日本経済が復興してくると、全国各地で戦後復興のシンボルとして模擬天守が建

図1-28　**洲本城天守**
昭和３年（1928）に建てられた、日本最古の模擬天守。

造されるようになります。富山城（富山県富山市）の模擬天守は昭和29年（１９５４）の博覧会の開催時に郷土博物館として建造されたものです。岐阜城の模擬天守も、昭和31年（１９５６）に市民の寄付金などにより建てられました。

空襲により焼失した広島城天守、和歌山城天守、名古屋城天守、大垣城天守なども、戦後復興のシンボルとして再建運動が活発化しました。これらの天守は古写真をもとに外観復元されていますが、たとえば岡山城天守は窓の数や五重目の高さが異なり、大垣城天守は装飾が省略されているなど、よく見ると正確性に欠けます。昭和30～40年代は天守再建ブームで鉄筋コンクリート造の天守が多く建てられましたが、当時は地域の象徴としての意味合いが色濃く、

図1-29　大洲城
木造復元天守は、史料や調査をもとに忠実に再現された。平成16年（2004）完成。

忠実さが求められていませんでした。昭和34年（1959）に再建された名古屋城天守のように、天守内部が資料館で最上階が展望台になるケースも当時は一般的でした。
ちなみに、天守閣という呼称は明治以降の造語です。おそらくは楼閣建築から天守が発展したという解釈から生まれたようで、俗語になります。文献上にも「天守」「天主」「殿主」「殿守」の記述はありますが、いずれも読み方は「てんしゅ」で、天守閣という言葉はありません。

木造復元の時代

現在の城の整備事業は、建物を再建する復元と破損箇所などを修理する修復に分けられますが、いずれにしても国に指定された史跡

図1-30　掛川城天守
平成６年（1994）に木造で復元された。

や重要文化財において、現状から変更が生じる事業を行う場合には、文化財保護法により文化庁長官の許可を必要とします。国民共有の財産であるため、勝手な現状変更は許されません。

許可の判断基準は時代によって異なり、求められる条件も変化します。建物の再現だけに真実性を求める時代とは異なり、石垣や地下にいたるまで遺構としての価値が認められるようになったため、天守の再建のみならず、整備事業には厳正な基準が設けられるようになりました。

天守の再建も、現在と50年前では勝手が違います。昭和30〜40年代はあくまで地域のシンボルとしての建造でしたが、平成に入ると本物志向となり、忠実な復元が主流になります。

平成３年（１９９１）に白河小峰城の天守代用の三重櫓が木造復元されたのを皮切りに、消防法や建築基準法の規制も達成できることが判明しました。平成６年（１９９４）には掛川城（静岡県掛川市）天守、平成７年（１９９５）には白石城の大櫓、平成16年（２００４）には新発田城の三階櫓が建造され、同じく平成16年には４重４階の大洲城天守が木造復元されました。

戦後初めての本格木造復元天守となった大洲城天守は、恵まれた資料をもとに、平成14年（２００２）に復元工事が起工し、平成16年に竣工しました。

天守の正確な復元を可能にした史料のひとつが、構造の概要を知る手がかりとなった天守雛形です。各階の柱の位置などがわかる木組模型で、大洲藩作事方棟梁であった中野家に残されていました。かなり精巧で、多少失われた部分はあるものの、梁に残る痕跡や釘の痕跡などから復元が可能となりました。

外観を知る上では、明治時代初期に撮影された東・北・西面と３方向からの古写真が大きな手がかりとなりました。とくに北面の写真は鮮明で、石垣の形や垂木の本数まで確認できます。天守雛形と古写真が揃う例は極めてまれで、古写真だけでは推定できない、または天守雛形だけでは不明瞭な点を補い合う重要な史料となりました。そのほか、『元禄五年大洲城絵図』『御城中御屋形絵図並地割図』『大洲城本丸平面図』などの絵図面のほか、復元工事に先立つ発掘調査の成果も設計に反映されました。

鉄筋コンクリート造で再建された天守の耐用年数は50〜60年といわれますから、昭和30〜40年代に建造された天守は、そろそろ建て替え時期が近づいています。平成23年（２０１１）の東日本大震災や平成28年（２０１６）の熊本地震を受けて、耐震性の調査も本格化し、耐震補強が行われている天守も多くあります。

必ずしも、木造で忠実に復元することが正しいとはいえません。現在まで積み重ねられてきた歴史に価値があるからです。また、天守だけが史跡ではありませんから、価値ある文化財や遺構を守り伝えていくためには、十分な調査と検討が必要です。史跡をどのように保護し活用するかはとても難しい問題ですが、今後の大きな課題といえるでしょう。

第2章 天守のつくり方

～木造建築としての特徴～

天守は日本の伝統的な木造建築のひとつです。日本人であれば、なんとなくその奥深さやすばらしさを肌で感じるのではないでしょうか。天守は寺院建築が発祥ですが、寺院建築とは似て非なるもので、一見しただけでは構造も特徴もわかりません。

この章では、木造建築としての天守の実態に迫り、天守のつくり方を簡単に追いながら構造を理解していきましょう。

基礎をつくる

まず、建造物を建てる「基礎」をつくります。基礎とは、構造物の力を地盤に伝え、安全に支える構造のこと。天守を建てるための平らで丈夫な地盤づくりを指します。基礎工事は現代住宅においても大切な第1ステップですから、その言葉に聞き覚えがある人もいるでしょう。地盤に施される基礎工事部分は総称して「地業（じぎょう）」と呼ばれ、地盤が丈夫で建造物を支えられる場合は、地盤面を平らにして割栗石などを並べて締め固める「割栗地業」を、地盤が弱い場合は杭を打ち込む「杭地業」などを施します。

姫路城は岩盤上に築かれ地盤が丈夫なため、天守は版築（はんちく）（粘土・砂・砂利などを混ぜた土を交互に積んで突き固めたもの）の上に建てられています。建造中すでに天守の重量によって地盤沈下が起こっていたようで、完成から17年後には一重目の軒に方杖（ほうづえ）（柱と横架材の接触部に斜めに入れる部材）を挿入する修理が行われていますが、地盤そのものは丈夫といえます。

姫路城とは対照的に、地盤が軟弱な松本城では基礎に工夫が凝らされています。昭和29年（1954）の解体修理工事の際、地盤を補強して土台を支えるために天守台の地下に直径1尺2寸〜1尺3寸（約36・4〜約39・4センチ）、長さ土台下端より16尺3寸（約4・94メートル）ほどの杭が16本、組み込まれていたことが判明しました。

杭は、土台入側通り（いりがわ）の各面に4本、中央に東西2本ずつ2列に、合わせて16本が碁盤の目のように配列され、「胴差（どうざし）」と呼ばれる上階の柱を受ける横架材によって繋がれていました。杭の長さは地盤まで達しているものの、石垣築造前に配列し、石垣を積む段階で埋め込まれたものと推定されています。現在のパイル工法と同じ原理で、礎石の下にさらに補強のための杭が打ち込まれているというわけです。

杭は栂材（つが）で、頭は土台下端にある幅3寸（約9・1センチ）×長さ8寸（約24・2センチ）ほどのほぞ穴に差されていたと推定されます。杭の中央部を繋ぐ胴差も栂材で、直径は1尺1寸（約33・3センチ）、長さは柱幅の中心線から2尺2寸（約66・7センチ）ほど。ほぞの厚みは3寸〜3寸5分（約9・1〜約10・6センチ）ほど、土台下端より胴差上端までは8尺5寸（約2・58メートル）ほどです。

松本城は天守台も、陸側は割栗地業の上、堀側は「胴木地業」の上に築かれています。胴木地

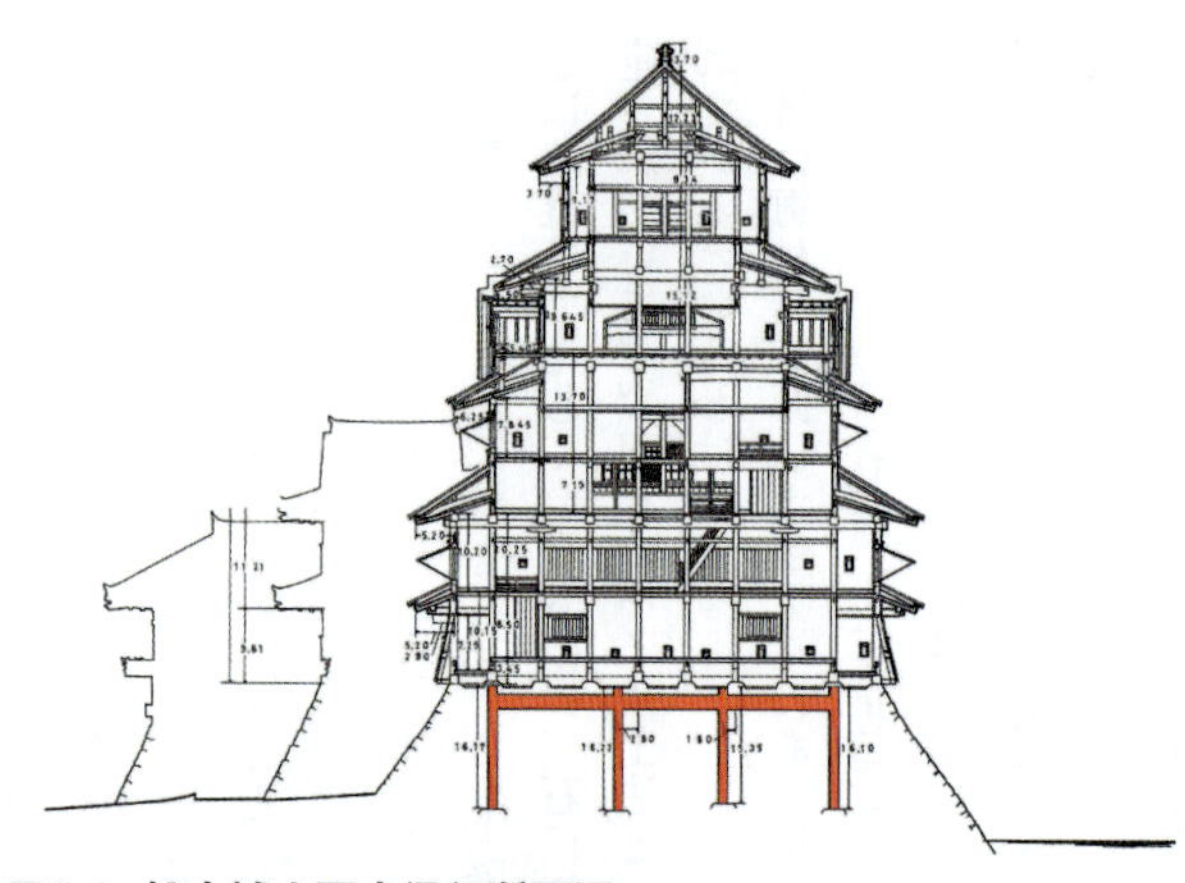

図2-1　松本城大天守梁行断面図
地盤が軟弱なため、天守台の地下には16本の杭が組み込まれていた。
『国宝松本城』より加筆転載

業は城の石垣では一般的なもので、石材の沈下を防ぐため、松の丸太を敷いて補強します。松本城天守では根切り（地面を掘り下げてつくられた空間）に松材の杭を打って梯子状に丸太を並べる「梯子胴木」という基礎が敷かれました。

また、水堀側の根石の下には、根石を支えるための「筏地形（いかだじぎょう）」もされています。根石の下に丸太が筏の形に並べられ、根石が沈下したりずれたりするのを防ぎます。さらにその前面の4・5メートルのところには土を固めるための捨て石が置かれ、地盤の横ずれを防止していました。

礎石を据える

基礎をつくったら、「礎石」を据えま

す。礎石は柱などの下に据えられ、建造物の重量を地面に伝える石です。かつて我が国の建物は、礎石を持たずに地面に穴を掘ってそのまま柱を立てる掘立柱建物でしたが、大陸から建築技術が伝わると礎石の上に建てる工法が主流となりました。柱をそのまま地中に埋めると腐食してしまいますが、礎石を置けば柱が直接地面と接しないため、腐食が防げ、老朽化を遅らせることができます。

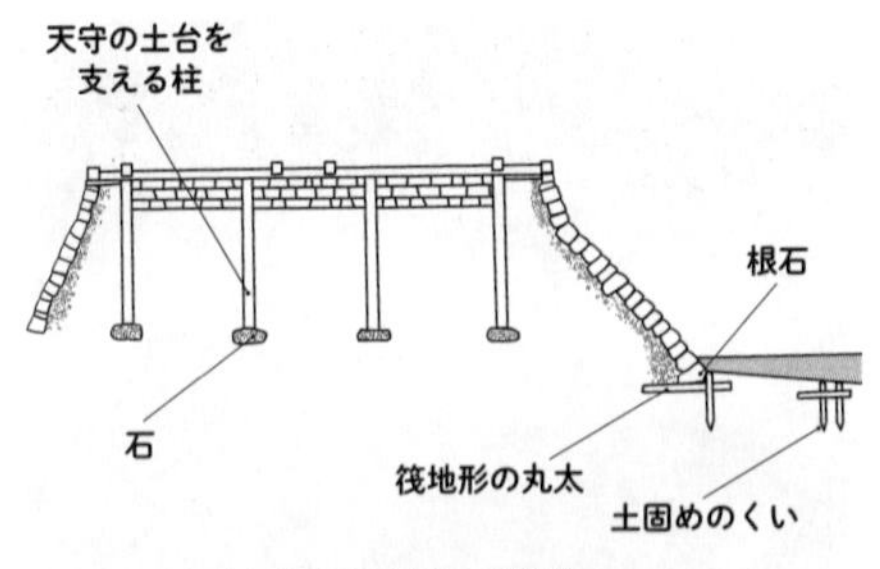

図2-2　松本城天守の地下構造
『わたしたちの松本城』（松本市教育委員会）を参考に作成

現在、安土城を訪れると、天主台の中央の空間に、直径50センチほどの石が整然と並べられているでしょう。これが礎石です。この空間は「穴蔵」という天主の地下１階部分。ここに礎石を等間隔で据え、構造物を載せていきます。安土城天主の穴蔵では、柱間７尺（約２・１２メートル）で碁盤の目のように並べられた礎石が、１１１個検出されています。

名古屋城の御深井丸（おふけまる）東側を訪れると、昭和20年（１９４５）に焼失した天守の礎石が保存されています。安土城天主と同じように地階穴蔵の地盤の上にあったもので、１間（約１・９７メートルが多い）ごとに並びます。礎石の間を縫うようにして、井戸の排水路も設けられています。同じよう

図2-3　安土城天主の礎石
碁盤の目のように並べた礎石の上に、柱を立てる。

に、広島城天守の南東下に並べられているのも、昭和20年まで存在していた旧天守の礎石。本丸の一角に展示された岡山城天守の礎石も、天守再建工事の際に撤去し移されています。

いずれの礎石も、本当に巨大な天守を支えられるのかと不安になってしまうほど、適当な石をただ並べたように思えます。城の礎石は現代住宅と比べると簡単なもので、固めた地面の上に石を置いただけ。本格的な寺院建築になると加工が見られますが、城では適当な大きさの自然石をそのまま据えたものが一般的です。

礎石は2尺（約60・6センチ）四方ほどの平らな石です。天守の外壁は石垣の上に建つため、礎石は室内のみ、安土城のように天守台に囲まれた中央の空間だけに並べられます。小さな櫓ではさほど重量がないため1～2個が一般的で、多くても10個ほどです。礎石がひとつもない櫓もあります。しかし天守は大重量ですから、それを支えるべく、1間間隔で前後左右にびっしりと並べられます。

高知城天守は天守台がなく、天守が本丸上に直接築かれていますが、礎石の上に建てられていることは変わりません。高知城天守は山内一豊により慶長8年（１６０３）に完成したものの、享保12年（１７２７）の大火により焼失。寛延2年（１７４９）に現存する天守が建てられる際、創建時の礎石の上に再建されたと考えられています。

ところで、姫路城天守の礎石が屋外展示されているのをご存知でしょうか。天守が現存しているのに礎石が展示されているのは、現在の基礎からは礎石が外されているからです。

昭和29年（１９５４）の解体修理工事の際、天守は東南方向に約44センチも傾斜していました。築城から約３５０年、総重量約６０００トンの天守を支え続けていたため地盤が沈下し、礎石に高低差が生じていたのです。そこで地盤沈下を防ぐため、盛土を14・８５尺（約４・５０メートル）掘り下げて、天守の重量が直接岩層にかかるよう、地盤上に十弁式定盤基礎という東西44・２５尺（約13・４１メートル）、南北24・６６尺（約7・４７メートル）の鉄筋コンクリート製の強固な基礎構造が構築されました。礎石は不要となったため展示されているというわけです。石組の規模は５５０平方メートル、南面28メートル、東面21メートル。池田輝政が建造する以前の、秀吉時代の礎石の流用も含まれます。

姫路城天守といえば平成の大修理工事が完了したばかりですが（第5章参照）、この際の耐震調査で大きな問題が生じなかったのは、このときに変更された地下構造がしっかりしていることが大きな要因といえそうです。

土台をつくる

礎石の上には「土台」をつくり、柱を立てます。土台は寺院建築にはない城郭建築特有のもので、重量のある天守を石垣の上に載せるために不可欠な部材です。角材に成形した横材を、天守台4周の石垣上に敷きます。内部は碁盤の目のように、縦横に組んでいきます。（丸太が用いられることが多い）。天守の荷重は柱から土台へ伝わり、礎石に分散され、基礎に伝わります。

礎石同士はかなり狭い間隔で並べられていますが、すべての礎石の上に柱を立てていては、天守内部が柱だらけになってしまいます。そこで、礎石の上に太い丸太を敷き並べて土台をつくり、部屋の間仕切りに必要なところだけを選んで土台の上に柱を立てていきます。

現在でも土台がよく見えるのが、松江城天守です。地階（穴蔵）に入ると、井戸のある一帯の外側は床板がなく、床下の構造がむき出しになっているでしょう。柱の足元には地下を這うように、土台と「根太（ねだ）」という床板を支えるための横木が碁盤の目のように通っています。土台の上には床板が張られるのが一般的ですが、松江城天守のように張られないケースもあります。

松本城天守も、土台がよく見えます。1階の身舎（もや）のまわりには武者走りと呼ばれる入側が設けられていますが、この入側が一段低くなっているため、地下構造がよく見えます。高低差ができているのは土台が2重に組まれているからで、礎石の上に根太が載っているのが確認できます。

松本城の天守台は天守の重量を支えきれるよう、4面すべての端が外側に湾曲し内側に反らせた糸巻きのような形をしています。その湾曲にならって、土台の平面は中央の柱真（柱幅の中心線）において西側と南側は4寸2分（約12・7センチ）、東側2寸2分（約6・7センチ）、北側は1寸（約3センチ）、それぞれ内側に湾曲していま す。建物の平面は土台上端において1尺につき3分5厘（約30・3センチにつき約1・1センチ）の菱形で、西南隅において石垣上端が6寸（約18・2センチ）高に築造されています。

図2-4　松江城天守地下1階の土台
礎石の上に、碁盤の目のように横材を組んで土台をつくる。

柱の木材

柱は上部の荷重を支える、もっとも重要な構造材です。日本建築の特色は、構造材が外に現れて、それ自体が意匠材になっていること。木肌の風合いに心が落ち着く経験は、誰でもあるはずです。架構方式（柱と梁で床や屋根などを支える構造）をとる木造建築においては必ず目に触れる部材ですから、構造上のみならず、鑑賞する上でも重要なものといえるでしょう。
ひと口に柱といっても、檜、欅（けやき）、杉、松など材質はさまざまです。伝統的な木造建築というと総檜のようなイメージがありますが、天守においてはそうでもありません。古くから寺社建築には檜が使われていたとみられますが、鎌倉時代後期頃から不足しはじめ、代わりに杉、栂などが用いられているのです。室町時代には欅や栗、松などが使われるようになりました。多くの天守が建てられた桃山時代や江戸時代初期には、檜の調達は難しくなっていたのでしょう。

昭和29年の『国宝松本城 解体・調査編』によれば、松本城天守では土台に栂と一部に欅、柱には松、檜、椹（さわら）、栂、あすひ、ねずこ、ひめこを使用。いずれも、ほとんどが創建当初のものと推定されています。明治修理の際は、ほとんどの箇所で松が用いられています。

松江城天守は、昭和30年（１９５５）の『重要文化財松江城天守修理工事報告書』によれば、ほとんどが松材です。柱および土台の一部に橅（ぶな）、栗、たぶが用いられていました。けっして檜が調達できない地域ではありませんが、松江城の築城が開始されたのは慶長12年（１６０７）ですから、時期的に檜の調達が困難だったようです。

同報告書には、階段には中4～5階が松製であるのを除いて桐が用いられている、とあります。なぜ桐が用いられているのかはわかりませんが、地階～1階、3～4階の階段は取り外すと水平引き戸で床を閉じられる構造になっていますから、軽い桐が用いられたのかもしれません。

ちなみに、近年のデジタルマイクロスコープを用いた樹種調査によって、地階から4階にいたる段板および簓桁のほとんどが桐であることは判明しましたが（段板の1枚はマツ属）、4階から5階へいたる階段の多くが栗（2枚はシイノキ属）であるとわかりました。4階から4階踊り場の簓桁と、4階踊り場から5階の左簓桁はマツ属、右簓桁は散孔材でした。

姫路城天守は、各階の床梁は樫、栂、松、桜などですが、地下から5階の軸部柱は栂または樅（もみ）、間柱（まばしら）はたもや槻などです。最上階は側軸組および内部造作とも檜ですが、壁化粧羽目板は楠（くす）および樫、床板類は当初は栂、明治以降は松です。各重の小屋組材および軒まわりは栂が主で、軒垂木は5重軒垂木にはたもが多く、ほかは栂が主であると昭和29年の『国宝重要文化財姫路城保存修理工事報告書』にあります。

平成16年（2004）に木造で復元された大洲城天守では、木材はほとんどを地元産でまかない、梁、床材には木曾檜、床下の基礎材には秋田産の栗の巨木を用いるなど国産材が使用されました。柱の半数近くは市民や地元の企業などからの寄贈木で、天守内部には案内板が設置され、寄贈した木材がどこに使われているのかわかるようになっています。

江戸時代に入って建てられた徳川幕府系の天守では、あらゆる部材に高級な素材が使われたようです。名古屋城天守では、無節（むぶし）の尾州（びしゅう）檜（木曾檜）を採用。尾州檜は、木曾川上流の渓谷・木曾谷に生育する天然の檜で、耐久性にすぐれ、柔軟で香気と光沢に富み、製材しても狂いが少ない高級品です。20年ごとに行われる伊勢神宮の遷宮の際、使用される御神木としても知られるところでしょう。徳川幕府の本城である江戸城でも、寛永15年（1638）に建造された3代目の天守にはこの木曾檜が使われていたようです。

ちなみに、長野県の木曾谷で採れるのに尾州と呼ばれるのは、江戸時代に尾張徳川藩の所領地であったためです。官材として、厳重に管理されました。現在では樹齢300年以上のものがほとんどで、高級品として一目置かれる存在です。生育が遅く、長い年月をかけて育つため、年輪の幅が細かく、木目がより緻密になります。造林材とは異なり、滑らかな木肌と香気と光沢があり、美しい表面に仕上がります。

平成29年（2017）秋を最後に伐採が休止された、高知県東部の馬路村魚梁瀬地区の魚梁瀬杉も、高級建材として二条城や江戸城などに御用木として納められたといわれています。もともとは豊臣秀吉が京都の佛光寺大仏殿に使ったとされた高級品で、藩政時代には土佐藩の朝廷奉納や幕府献上として重宝し、厳しく管理されたと伝えられます。

近年は科学的な調査が行われるようになり、材木の種類や伐採年代などが明らかになる事例がいくつかあります。前述の『国宝松本城 解体・調査編』や『国宝重要文化財姫路城保存修理工事報告書』は樹種が記された最新の資料となりますが、昭和29年と昭和40年の刊行ですから、かなりの年月が経っています。また、樹種の判別は修理工事の際に目視で行われていますから、いくらプロといえども瞬時にすべての樹種を正確に識別するのは至難の業で、多少の誤認があってもおかしくありません。科学的な調査による材木の年代特定、そこから解明される可能性や推察は、丸岡城天守の事例を第7章で詳しくお話ししていきましょう。

柱の仕上げ

木材を切断し、所定の寸法にし、仕上げる作業には、それぞれ道具があります。斧（よき）、釿（ちょうな）（手斧）、のみ、槍鉋（やりがんな）、錐（きり）、木槌、金槌などです。各種道具は、おおむね飛鳥・奈良時代には揃っていたようです。のこぎりは古墳時代に横挽きが登場し、平安時代に木葉型に変化。14世紀頃に大鋸（おが）という縦挽のこぎりが登場します。

現代において材木の表面を削るために建築現場で一般的となっている台鉋（だいかんな）が登場するのは、16世紀後半のことです。釿や槍鉋に代わる台鉋の登場により、木材の表面を平滑に精細に仕上げることが可能になりました。台鉋は作業内容によっていろいろな種類のものが生み出され、精巧さが格段に進歩していきました。

第9章で後述しますが、松本城天守や松江城天守では、構造や工法が異なることから下層階と上層階の築造時期の違いが指摘されています。材木の仕上げの違いもそれを裏付ける理由のひとつで、松本城天守の場合、下層階は釿で荒削りに、上層階は鉋ですっきりと美しくも仕上げられ

図2-5　松本城天守1階の柱

ています。犬山城天守では、創建当初に築かれた1階と2階では釿や槍鉋、大鋸挽痕など加工痕が多岐にわたりいずれも粗いのに対し、増設された3階と4階は対照的に、槍鉋や台鉋痕などでなめらかに仕上げられていることが確認できます。加工の違いだけで築造時期の違いは断言できないところですが、少なくとも仕上がりの違いを楽しめることは鑑賞の楽しみですから、ぜひ注目してみてください。

材木を転用する理由

木材には個性があり、その性質を熟知しなければ建築用材として使いこなせません。寺社建築では古くから、のちに施す極彩色の発色まで気を配り、部材の繊維方向に配慮していました。

山に生えている木は含水率が高く、杉と檜は木材自体の約1・5倍の水分を含んでいるといわれます。しかし木は乾燥しますから、割れや反りといった乾燥による変形・収縮が起こってしまいます。そこで現在は、あらかじめ、のこぎりで人為的に割れ目を入れる「背割り」という処置が施されています。割れてしまう自然の摂理に逆らわず対処しておくことで、割れ目に割れが集中し、トラブルを回避できるのです。目につかないところに施しておけば、割れが目立たずに済みます。

しかし、背割りが登場するのは江戸時代になってからのこと。木造復元された大洲城天守の柱に〝伝統工法により背割りを入れていません〟と説明があるのはこのためで、多くの天守が建てられた時期には、このような技はありませんでした。

松江城では、堀尾吉晴が築城前に居城とした富田城から運んだ古材を天守下層階に転用した可能性が高まっています。彦根城天守も同じように古材が転用され、4重5階の大津城（滋賀県大津市）天守を解体して材木を運び、その材木で3重3階の天守が組まれています。

なぜ、せっかく新築する天守に古材を再利用するのでしょうか。それは、古材のほうが材木として望ましいからです。伐採したての「生木」は水分を多く含み、材木としては未熟で使える段階にありません。寝かせて乾燥させ、はじめて材木としてふさわしい「乾木」になります。しかし前提として城は急ぎつくるものですから、乾木になるのを待っている余裕はありません。そこで、すでに材木として世に出ている建物の材木を転用するのです。また、製品化された材木は継手・仕口といった接続部もでき上がっていますから、すぐに組み立てて使える利点もあります。

古いものを再利用しているといわれると、「お金がなかったのか」「資源不足で材木が確保できなかったのか」などと消極的な理由を連想してしまいます。しかし、むしろその逆で、森林大国の日本において高級品でもない材木が採れないということはあまりありません。またなにより、24万石の堀尾家や18万石の井伊家に調達する財力がなかったとは考えにくく、わざわざ古材を運ぶなら近場で切ってしまったほうが早いでしょう。急ぎ築く必要があるからこそ、良質なものを効率よく再利用しているのです。こうした処置は、近代において一般の家屋でも当然のように行われています。

柱の太さ、包板

木造建築の柱の切り口は、円柱、角柱、多角柱などさまざまです。横断面が丸い円柱、自然材の皮を剥いだ素木柱（白木柱）や皮付きの黒木柱のほか、素木柱に塗装などを施したものもあります。

柱は天守を支えるものですから、とても大切な部材です。天守には一般的に角柱が用いられ、広島大学大学院の三浦正幸教授によれば、標準的な太さは側柱（かわばしら）（建物のもっとも外回りに立つ柱）が7～9寸（約21・2～約27・3センチ）角、身舎柱（もやばしら）（建物の中心部分を囲む主要な柱）が8寸～1尺（約24・2～約30・3センチ）角程度。側柱より身舎柱のほうが、太い木材が用いられるそうです。

５重天守の１階や２階の身舎柱は、１尺（約30・３センチ）角を超える例が多く見られます。現代住宅に用いられる柱は３・５～４寸（約10・６～約12・１センチ）角が一般的ですから、断面積はおよそ６倍から８倍にも達し、強度も比較にならないほど高くなります。名古屋城天守は破格に太く、１階の身舎各室の隅柱が１尺３寸６分（約41・２センチ）角（断面積は３・５寸角の約15倍）、そのほかは１尺２寸２分（約37センチ）角（断面積は３・５寸角の約12倍）と考えられます。

柱の珍しい例では、松江城天守の「包板（つつみいた）」があります。包板とは、柱外側の１面または２、３、４面を板で包み、帯鉄や鎹（かすがい）で離れないように固定したものです。昭和の解体修理の際には１階から４階の柱３０８本のうち１３０本にありましたが、30本ほどが撤去または替えられ、現在は１０３本です。享保４年（１７１９）の修理から取り入れられたようで、裏面の墨書などから、古いものは享保４年、新しいものは昭和16年（１

図2-6　**松江城天守の包板**
柱の１面または２面、４面を板で包み、帯鉄や鎹で固定する。

941）までであることが明らかになっています。

包板は厚さ2寸〜2寸5分（約6・1〜約7・6センチ）もあり、軸部の強化が目的とみられますが、施された理由ははっきりとはわかりません。4面が包まれている場合は体裁を隠すもので、表面が古くなった柱の見栄えをよくするために新しい板で包んだものとも考えられます。1面または2面しか包まない場合は、構造的な補強を目的としたものと考察されています。

地階から5階までの3分の1以上の柱の上下に帯鉄が巻かれていますが、よく見ると、柱に直接巻かれている帯鉄と包板の上に巻かれている帯鉄とでは、打ち付けている釘の仕様が異なります。柱に直接巻かれている帯鉄は、包板を添える享保4年以前のものであるので、柱の補強が目的と推察され、干割れ（乾燥により材木が割れること）を防ぐためと修理記録に記されています。

松江城からほど近い出雲大社では、3本の柱を金輪で締めて1本にまとめた「金輪締め」が施され、これが出雲大社本殿の平面図『金輪造営図』（出雲国造・千家家蔵）の名の由来ともいわれます。松江城天守の包板はこれまでずっと、松の板を鉄輪巻きにした「寄木柱」と論じられていきました。そこには、出雲大社の先例が影響しているのかもしれません。

平と妻、梁と桁

建物のもっとも外側に立つ柱を「側柱」、そのひとつ内側にある柱を「入側柱」といい、そのほかの柱は「本柱」、本柱と本柱との間に立つ、本柱よりも細い柱は「間柱」といいます。１、２階を１本で通した柱は「通し柱」で、その階にだけ入っている柱は「管柱」といいます。

建物では、長辺側あるいは建物最上部の「大棟」と平行な面を「平」といい、短辺側あるいは大棟と直角な面を「妻」といいます。大棟に対して平行方向（平側）に位置し、屋根荷重を支える水平材の総称が「桁」で、その長さを「桁行」、その方向は「桁行方向」と呼びます。屋根においては、柱の上部で屋根の重量を柱に伝達し、棟木と平行の向きに位置します。一方、大棟や桁に対して直交方向（妻側）にかかる水平材を「梁」といい、その長さは「梁間」、方向を「梁行・梁間方向」と呼びます。

柱は、１階は土台に、２階以上では下階の梁に立てます。柱の端部にほぞをつくり、土台や梁にほぞ穴を開けて差し込みます。柱の頭は梁と桁とでつながれますが、梁と桁の役割は別。桁は屋根を支える「垂木」を支える役割があるため外壁の真上に用いられ、下には１間ごとに柱が立ちます。垂木を支える目的がありますから、角材が用いられます。

一方、梁は桁に対して直交してかけられるのが通常ですから、武者走りの上を横断するものと、身舎の部屋の上を渡るものがあります。２〜３間（約３・６４〜約５・４５メートル）ほどの距離を１本で支えるため、強度の高い丸太が使われます。一般的に松の丸太で、太さが２尺

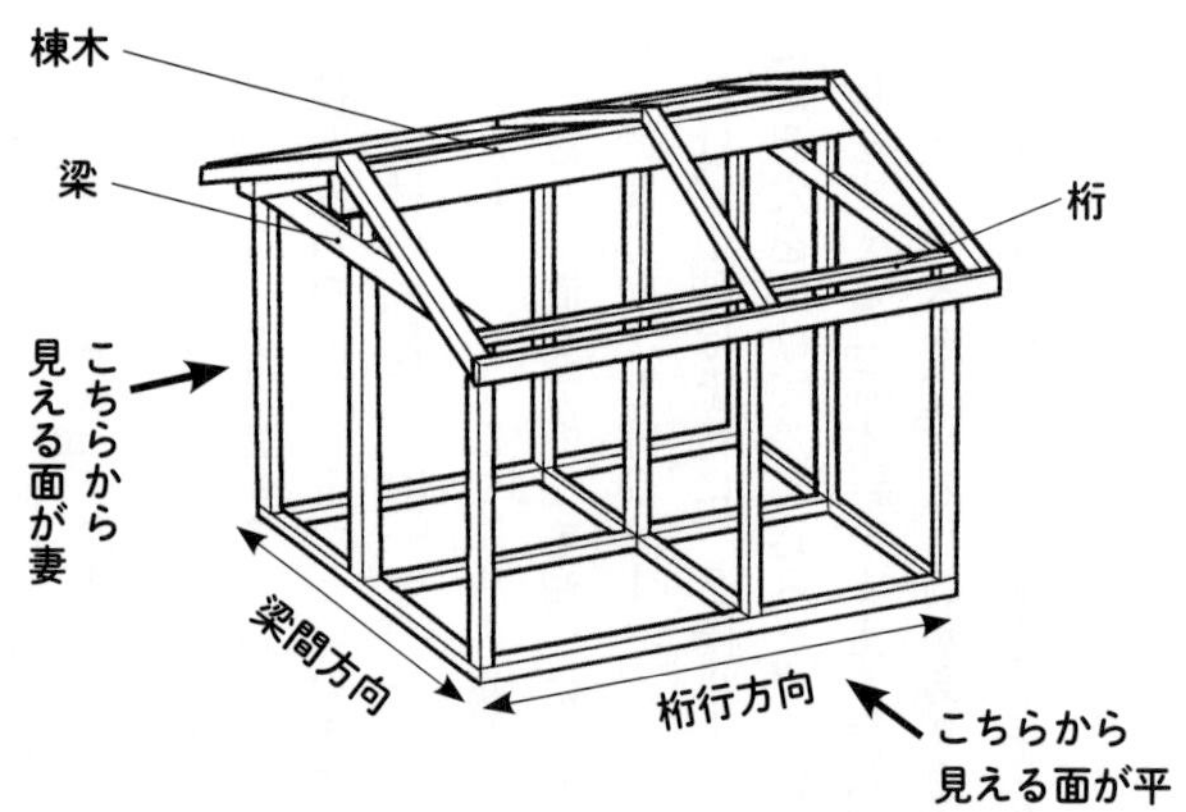

図2-7 平と妻、梁と桁
大棟（図では棟木）に対して平行な面を平、三角形ができる面を妻という。平側に平行してかかる水平材を桁といい、妻側に直交する水平材を梁という。

（約60・6センチ）を超えるものも珍しくはありません。古い天守では丸太の皮を剝いただけのものや、瓜の皮を剝くように細い条状に表面を削り取った梁を用います。18世紀以降の新しい天守では、八角形断面に仕上げるケースが多く見られます。側柱と側柱、入側柱と入側柱は、梁の上に桁を直交させて敷きます。

つまり、天守の骨組みは、土台、柱、梁、桁を組み立てて構成されます。天守台の上に土台を敷き、土台の上に柱を立て、外壁部分には側柱、中間に間柱を立てていきます。身舎の周囲に入側柱を1間ごとに立て、入側柱と側柱との間に梁を渡し、柱の上には梁を架け、柱の上端部につくったほぞという突起に梁を差し込んで固定します。そして、各階を積み重ね、最上階は桁方向に「棟木」という横木を取り付け、棟から軒に屋根板を支えるための垂木を並べて屋根をつくります。

たとえば宇和島城天守2階を見てみると、その構造がよくわかります。武者走りに架かる梁には3階外壁を支える土居桁が直交して載り、3階外壁の柱の土台となります。梁は柱に架かり、その上には桁が通って垂木を支えています。

図2-8　姫路城天守の入側の梁組み
入側の梁が横方向に並び、身舎の中まで通っている。

屋根の内部で、桔木あるいは出し梁を支える桁のことを土居桁といいます。軒を長く出す場合は垂木だけでは軒先を支えきれないため軒を桔木で吊りますが、その桔木を天秤の支点のように支える桁のことを指します。

長大な梁が必要な場合は、柱上で梁同士をつなぎます。松江城天守のように、梁の下に「牛梁（桁行方向に入れた太い梁）」を直交するようにかけ、牛梁の上で梁同士をつなぐこともあります。外壁の柱に架かる梁は、その端部を壁の外に突き出します。突き出した部分を腕木（一端が柱や壁に固定され、もう一端は上部の荷重を支える働きをするもの）として、その先端に桁を出して

図2-9　丸亀城天守の梁組み
入側の梁は、身舎側の柱は貫通しない。上階の土居桁が梁上に直交する。

出し桁とします。出し桁の上には垂木が並びます。

筋違と貫

細い部材を柱間に斜めに入れる「筋違(すじかい)」は、耐震性が高まるために現代住宅では欠かせません。直線材を四辺形に組み立てるとき、対角線上に補強材として斜めに入れます。四辺形を三角形の単位に分割することで骨組みの変形を防ぎ、その面にはたらく水平力を分散させるのです。

筋違を入れると壁ができてしまいますが、天守はもともと書院造の殿舎が発祥のため、内部に壁がありません。そこで筋違ではなく、「貫(ぬき)」で柱間を支えます。筋違とおなじような太さで、貫穴をつくり、水平に貫を差し込んで柱と柱をつなぐのです。入側と入側は貫によって水平につながれ、筋違を入れられることなく厚い土壁を支えています。姫路城天守には筋違がありますが、水平力を分散させるには角度がつきすぎていますから、補強材でしょう。

貫は高いところに入れられるため、通行に支障はありません。外壁部分は通行を考慮しなくてよいため、2〜3尺（約60・6〜約90・9センチ）の間隔で数本を渡します。窓を開ける場合は、その貫と貫の間に設けます。外壁の貫は外壁を支える重要な部材となり、貫の縦方向に太い竹を結びつけ、さらに横方向にも竹を渡して格子状の小舞（こまい）をつくり、それを骨組みとして厚い土壁を塗ります。室内側では、貫の表面をそのままにしておくこともあります。

身舎には原則的に間仕切り壁が設けられず、各柱間は内寸より下をすべて開放するか、建具を入れるかのどちらかです。現代の木造住宅は壁を利用して耐震性能を高めますが、天守は極端に太い柱と梁を用いた骨組みだけの構造となります。

貫に似たものに長押がありますが、貫は文字通り柱を貫通するのに対し、長押は柱の外側から釘で打ちつけている点が異なります。

継手と仕口

寺院建築の柱の上を見上げると、形状の違う部材が互いに組み合わさって接合しています。このように、柱の上に置かれた「斗（ます）」と上部の荷重をスムーズに軸部へ流す「肘木（ひじき）」の組み合わせを「斗栱（ときょう）」または「組物（くみもの）」「斗組（ますぐみ）」といい、桁や軒などの上部構造を支えます。寺院建築の場合はかなり複雑で装飾性の高いつくりになっていますが、軍事施設・政庁であり急造が前提の城で

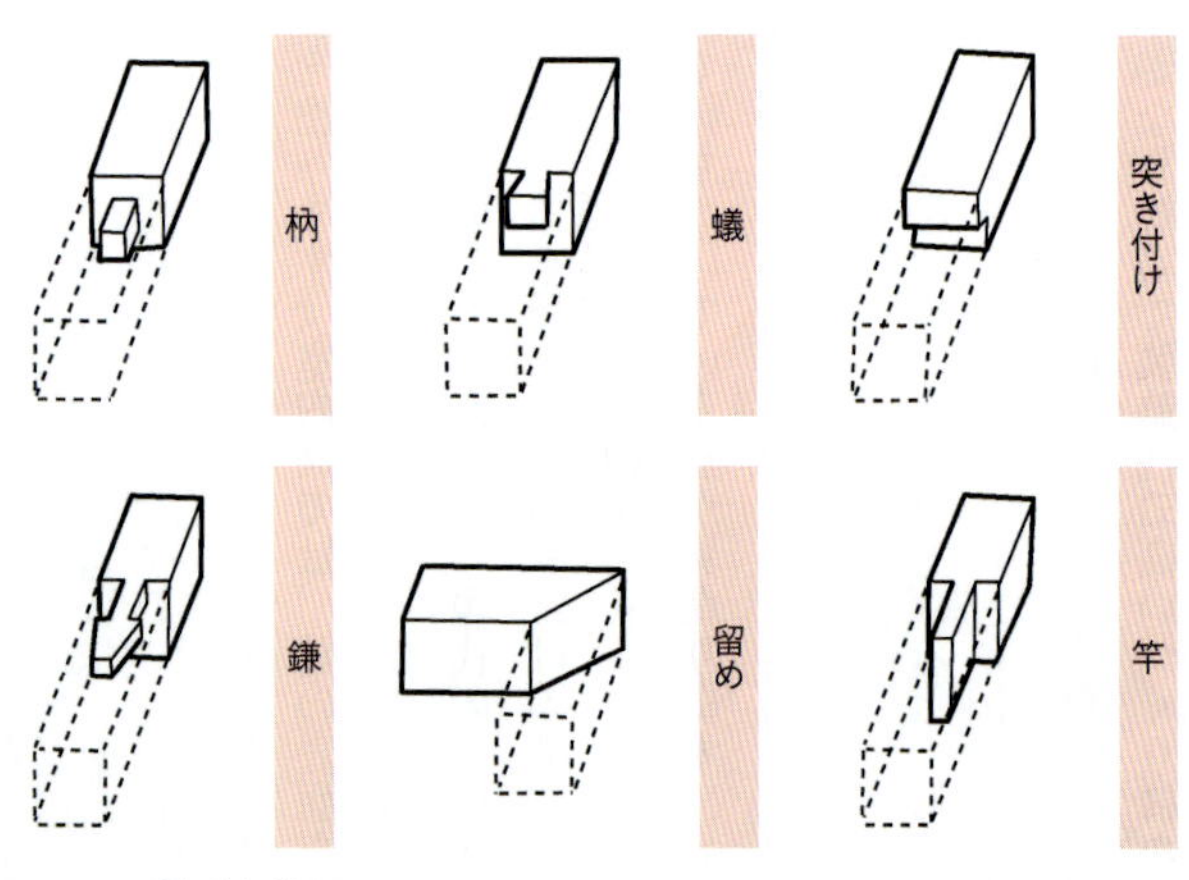

図2-10　継手と仕口

は凝った意匠はなく、極めてシンプルです。とはいえ、寸分の狂いもなく、きっちりと組み合わさっていなければなりませんから、職人技が光ります。

「継手」「仕口」とは、木材の接合部分の工法のことです。材と材を長さ方向に継ぎたしていくときの技法を継手といい、角度をつけて材と材を組むときの技法を仕口といいます。城郭建築は釘でつなぎ合わせたり接着材で張り合わせるのではなく、加工した木材と木材をパズルのように接合させて組み上げているのです。

継手と仕口の種類は、かなり多岐にわたります。古代には限定されていたようですが、中世以降、とくに近世に入ると工具の発展とともに発展したと考えられます。

「突き付け」は、2つの材を突き合わせるだけの基本的な形。これだけではつながらないため、釘打ちをして止めます。材の木口（断面）を斜めにして合わせる「殺ぎ」は、根太や垂木などに用います。L字形の接合部に用いる典型的な形が「留め」です。木口に段差をつけ、殺ぎと同じように支承位置で2材を釘打ちして止めるものを「相欠き」、相欠きよりも奥行が浅いものを「腰掛け」といいます。

図2-11　高知城天守の床の鎌継ぎ

中央に凸部をつけて差し込んで継ぐ「柄」は、T字形やL字形の接合部分に用いられる基本形です。凸のような突起をつけて合わせる「目違い」は、ほかの形と組み合わせて応用される形で、化粧材の狂いのおさえ、構造材の補強、ずれ方向の制限などの多様な役割を担います。目違いの突起をさらに長くしたような形は「竿」といいます。突起部の先端が開いて台形になっているのが「蟻」、突起部が蛇の頭のように出っ張るのが「鎌」、「略鎌」は相欠きの先端側に突出を付けて引っ張りに抵抗する形です。

これらが組合わさって、さまざまな箇所が接続されます。代表的な継ぎが、「腰掛け蟻継ぎ」「腰掛け鎌継ぎ」です。蟻と鎌の継ぎで、男木と女木の両方に腰掛けのような組み合わせ部分があることからそう呼ばれます。腰掛け蟻継ぎは土台や桁や母屋などの横架材の継手として用いられ、腰掛け鎌継ぎは桁や母屋や棟木に使われます。材のねじれを防ぐために腰掛け部分に目違いホゾを付けたものを「腰掛け鎌継ぎ目違い付き」といいます。

「追掛け大栓継ぎ」は、相欠きにあごを付けた略鎌系の継ぎ手のひとつです。男木と女木のすべり込み部分には10分の1程度のすべり勾配を持たせて、2つの材を引き寄せて胴付き部分を密着させます。継手の中では強固で、桁や母屋、梁などの継手として用いられます。「金輪継ぎ」は、同形の2つの材をT字形の目違いをつけて組み合わせ、隙間に込み栓を打ち込んで固定するもの。桁の継手や柱の根継ぎなどに用いられます。このほか、「尻ばさみ継ぎ」「目違い継ぎ」「いすか継ぎ」「竿継ぎ」「四方鎌継ぎ」「台持ち継ぎ」などがあります。

図2-12　松本城天守の舟肘木

仕口の代表例は、「地獄ほぞ」「二方差し」「三方差し」など。地獄ほぞは、ほぞに、のこぎりで引き込みを入れて楔の頭を出したままほぞ穴に叩き込むと、楔が穴底で押し込まれて食い込み、ほぞ先が扇形に広がって抜けなくなる組手です。二方差しは柱に2方向から、三方差しは3方向から梁が入る場合の仕口です。

天守のように巨大な建造物では長い梁や桁を1本の材木でまかなうことは難しく、複数を継ぎたしていくことになります。どのように継がれたり組まれたりしているかは素人の目にはなかなか判断がつきませんが、注目してみると芸術的な技に出会えるはずです。高知城天守では、床板にも鎌継ぎが見られます。

図2-13　姫路城天守の埋め木

松本城天守では、4階の梁や2階の桁で「台持ち継ぎ」を見ることができます。古材に新材を継ぐ柱の接合には金輪継ぎがよく使われています。

2階の桁は台持ち継ぎ下に「舟肘木（ふなひじき）」を置いて、継いだ部分を補強しています。舟肘木は組物のひとつで、柱の上に肘木を置くだけのものです。

姫路城最上階の廻縁の柱の上部にも、舟肘木が見られます。また、最上階には木材にさまざまなマークがあるのもおもしろいところです。材木の生節（いきぶし）・死節（しにぶし）・抜け節（立木のときの枝の切断部）を埋め木によって補修したものではないかと思われます。星形やひょうたん、なすびなど、職人の遊び心が伝わってきます。大洲城天守にはてんとう虫の埋め木があります。

天守ではありませんが、大坂城の大手門高麗門南側の控柱には、不思議な継手があります。外から見るとどの方向からもはめ込むことができない謎の継手で、X線撮影により初めて内部構造が解明され、大正12年（1923）に腐りかけた門柱を補修するために新しい木材に代えて継がれたことがわかりました。東西の両面は下の柱が凸型に出っ張る蟻継ぎで、南北両面は山形の殺ぎ継ぎ。上からはめ込むことはできませんから、東側から西側に向かって、斜めにスライドさせます。複雑で珍しい継手を施した理由はわかりませんが、鳴門海峡の潮流を利用した発電システムを考案したりと進取の気性に富んだ大工が施工したそうで、匠の技と遊び心が生みだしたものかもしれません。

床の畳と最上階

梁の上には上階の柱が立てられ、床を支える根太という棒状の部材が並べられます。根太は床の一部で、床板を張るための下地の役割をします。最上階の梁には、屋根を支える「束（つか）」が立てられます。

現在、天守内部は板敷きになっていますが、かつては畳敷きが原則でした。新しい年代の天守では畳を節約することもあったようです。ほとんどが、明治以降に撤去されています。

すでに太平の世となった寛文２〜11年（１６６２〜７１）に築かれた宇和島城天守を見ると、畳敷きだったことがわかります。嘉永５年（１８５２）に再建された松山城天守も、各階が畳敷きで天井板が張られた平和の様相です。犬山城天守１階南西部の床が一段高くなった上段の間も、畳敷きの部屋。築造当初ではなく幕末につくられた施設とみられ、座敷飾を備えた書院造の意匠となっています。武者走りにも敷居があることから、畳敷きの部屋だったとみられます。

図2-14　犬山城天守１階の上段の間

一方、築造年代の古い松本城天守は2階から5階まで敷居がないことから、畳を敷いて居室とする想定がなかったことがわかります。４階の御座の間も、３間四方の座敷になっていたといわれ、御簾（みす）で仕切られているものの、畳を区切る施設は見当たらず、畳は敷かれていなかったようです。櫓として築かれた弘前城天守も、はじめから板敷きでした。

松江城天守は附櫓（つけやぐら）から４階までは通路だけに薄縁（うすべり）（ござに布の縁をつけたもの）が敷かれていたようです。最上階だけはすべて畳敷きで、2畳分だけ二重に畳を敷いた特別な場所があったとみられます。藩主が上がる場所でしょうか。姫路城天守や丸岡城天守などもそうですが、構造や柱の仕上げなどを見ても、天守の最上階はどうやら特別な空間だったようです。

松江城天守の4〜5階の通し柱は、4階部分が1尺（約30・3センチ）角で5階部分は7寸（約21・2センチ）角と、1本の柱であるのに4階が太く5階が細くなっています。史料などにより、5階の床から上の部分を削って細くしてあることが判明しました。定かではありませんが、住宅風の意匠にするため、および眺望をよくするための措置のようです。実際に訪れてみると、最上階はほかの階と比べて開放的な空間となっていますし、眺望のよいのも確かです。

図2-15　松本城天守最上階

実は、姫路城大天守も同じように、5〜6階の通し柱に加工がみられます。5階分は1尺角（約30・3センチ）角なのに対して、6階部分は3面が削り出され、太さ7寸7分（約23・3センチ）角、7寸2分（約21・8センチ）角と細くなっています。やはり居心地と眺望のよさを考

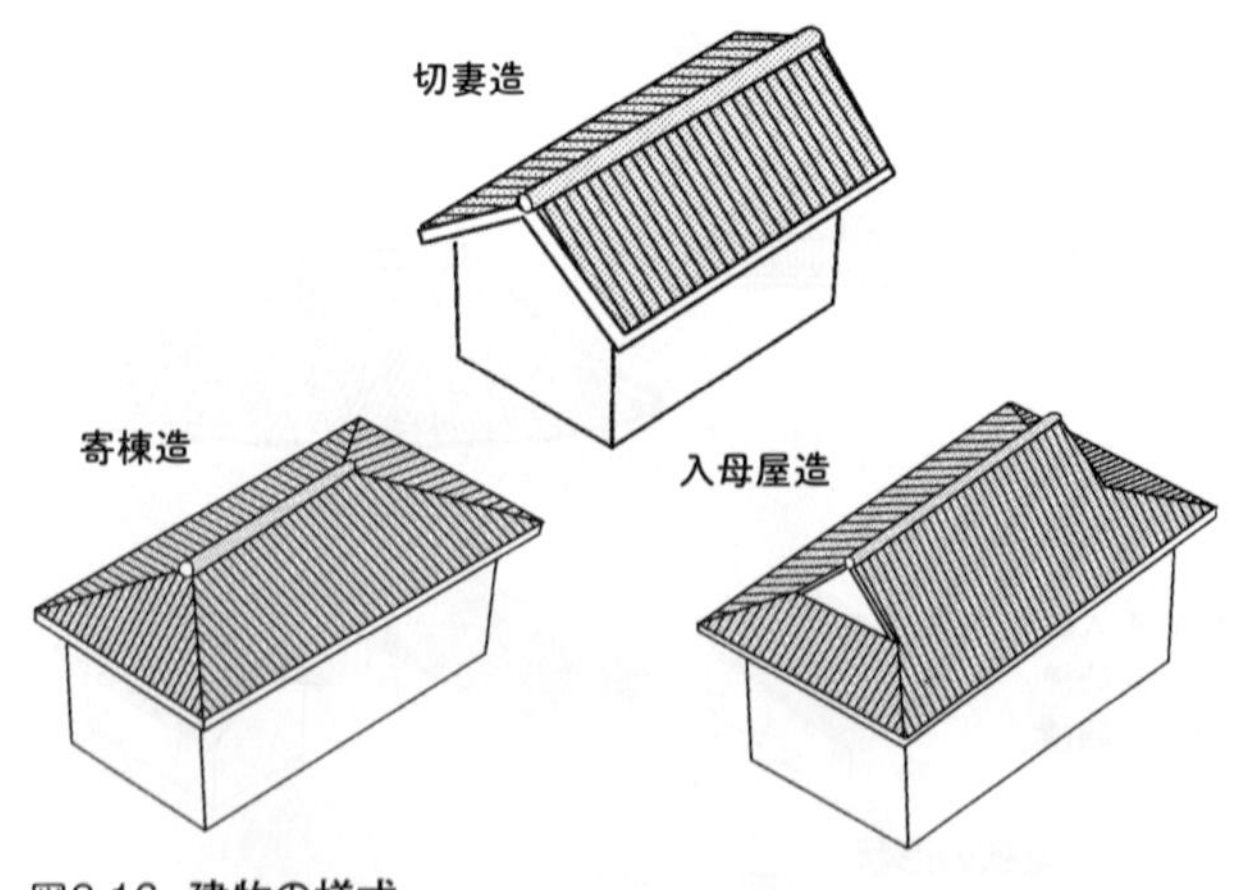

図2-16　建物の様式

本を開いて伏せたような、２つの傾斜面だけでできる屋根を切妻屋根といい、切妻屋根を持つ建物を切妻造という。寄棟造は台形の屋根２つと三角形の屋根２つが集まったような形状、入母屋造は切妻造に腰屋根をつけたような構造をしている。

慮したものなのでしょうか。興味深いところです。

屋根の構造

日本建築の屋根は、すべて2つ以上の傾斜した面からできています。しかし傾斜した面といっても、現代の住宅の屋根のような直線的なものもあれば、寺院や天守のように曲線的なものもあります。

屋根には「切妻造」「寄棟造」「入母屋造」などの形状があります。天守の屋根は一見すると複雑で多種多様な形式があるように思えますが、実は基本形を集合させたり複合したりしたものにすぎませんから、覚えておくとよいでしょう。

切妻造は、「切妻屋根」を持つ建物の

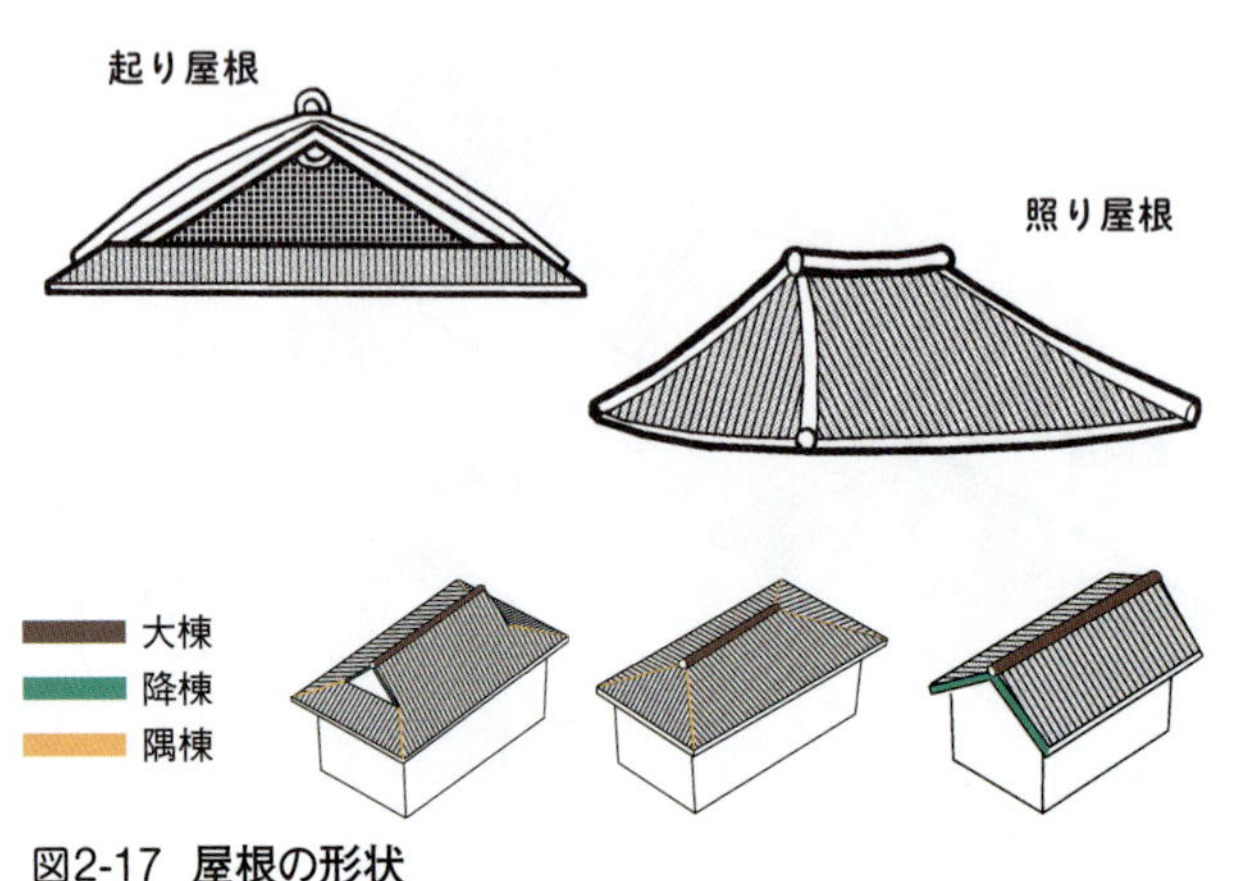

図2-17 屋根の形状
城では、天守には照り屋根が、御殿には起り屋根が見られる。

様式です。切妻屋根は屋根の最頂部である大棟から軒に向かって両側に葺きおろす形式の屋根で、1枚の紙を2つ折りにして伏せたような、2つの傾斜面だけでできるシンプルな屋根です。妻とは端のことで、屋根の両側を切っているという意味があります。

寄棟造は、大棟の両端から四隅に降棟（くだりむね）が下降している屋根を持つものを指します。斜めになった4つの屋根が頂点に集まった形です。正倉院宝庫、唐招提寺金堂などがその代表例で、屋根は2つの台形と2つの二等辺三角形で構成されます。

入母屋造は、切妻造の四方に庇屋根をつけた形式です。寄棟造の上に切妻造を重ねたような構造をしています。上部では、長辺側から見たときに前後2方向に勾配を持ち、下部では前後左右4方向へ勾配を持ちます。日本においては古来、寄棟屋根よりも切妻屋根が重んじられ、その組み合わせである入母屋造はもっとも格式が高いものとして尊ばれました。天守の最上階には必ず見ることができます。

このほか、隅棟（すみむね）が中央の1点に集まり、水平の棟ができないつくりを「方形造（ほうぎょうづくり）（宝形造（ほうぎょうづくり））」といいます。六角形であれば「六注造」、八角形であれば「八注造」といいます。

屋根面の平面および曲面によって分けると、平面からなる「直線屋根」、曲面で下向きに反る「照り屋根」、曲面で上向きに反る「起り（むくり）屋根」、曲面で上方が起り下方が反る「照り起り屋根」などがあります。天守をはじめ城でよく見られるのは照り屋根で、御殿の入口には起り屋根が見られます。

違う方位に向いた屋根面が交差する部分の総称を「棟」といい、北面と南面、東面と西面のように、屋根の頂部で水平になった中心部を大棟といいます。切妻造や入母屋造に見られる、屋根の流れに沿って軒下に向かう棟は「降棟（平降棟）」、寄棟造などでみられる、屋根の隅に向かって下っているものは「隅棟（隅下棟）」です。隅棟の一種で先端につく小さな棟は「稚児（ちご）棟」、入母屋屋根の妻側にある棟は「妻降」といいます。

屋根と軒の構造

屋根の最下部、屋根の外壁から外側に突き出した部分のことを「軒」といいます。屋根の流れ方向の端が「軒先」、妻側の端が「螻羽（けらば）」、軒の裏側が「軒裏」です。軒は左右で反り返る曲線を描きますが、古代や中世は軒の全長にわたって反っているものや、両端だけ反り上がって中程は直線をなすものが多く、近世に入ると両端から少し入ったところから急に反り上がるものへと変化していく傾向があるようです。

屋根のいちばん高いところにある部材が棟木、棟木と並行していちばん外側の外壁に位置する部材が「軒桁」、棟木と軒桁の間に、同じく平行して配される部材が「母屋」です。平行に配された棟木・母屋・軒桁に架け渡す、屋根板を支える斜材のことを垂木といいます。軒を見上げてみると、棒状の木材が何本も並んでいるでしょう。これが、垂木です。小屋組の一部で、棟木から桁にかけて、斜めに取り付けられる部材を指します。

軒桁より外へ突出した部分の垂木が2重の場合、屋根下地材を支える材を「野垂木（のだるき）」といい、軒裏に現れる材を「化粧垂木」といいます。寺院や宮殿などは上下2段、ときには3段に並びそれぞれ一軒（ひとのき）、二軒（ふたのき）、三軒（みのき）と呼びますが、三軒はまれで、本格的な日本建築では多くが二軒です。二軒の場合、2段構えの下のほうは「地垂木」、上方の軒先までのびるものは「飛檐（ひえん）垂木」。飛檐垂木を横に連結する材を「木負（きおい）」「茅負（かやおい）」と呼び、それぞれの軒全体を総称するときには、前者を「大軒」、後者を「小軒」といいます。

垂木は、天守にとって独特の意匠となります。屋根が多い建造物ですから、その数はかなりの

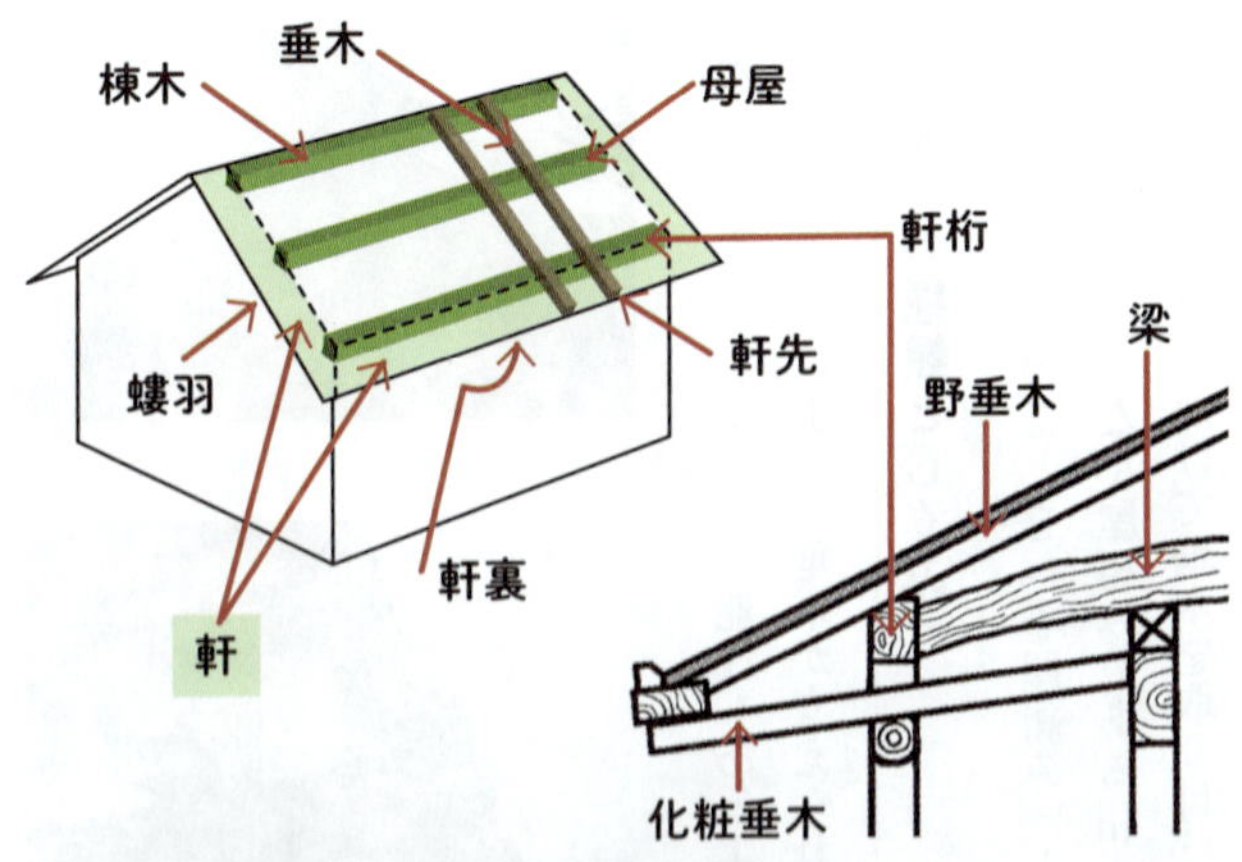

図2-18　軒の構造と屋根を構成する部材
屋根の外壁から外側に突き出した部分を軒という。屋根は棟木、母屋、軒桁が平行し、直交するように、屋根板を支える垂木が並べられる。

ものとなり、名古屋城天守では１２１４本、寛永期江戸城天守と徳川大坂城天守は１０４０本もあったとされます。

防火性を高めるため、一般的に垂木は素木のままにせず、壁などと同じように漆喰で塗り籠められています。角材の垂木１本ずつの側面や底面に、細縄を巻き付けた竹を打ちつけて下地をつくり、その上に漆喰が塗られます。膨大な数の垂木を１本ずつ漆喰で仕上げて塗るのは手間と時間がかかるため、垂木の両脇に竹の束を大雑把に添えて、垂木同士の隙間を埋め、まとめて漆喰を塗る方法が編み出されました。

松山城天守は、垂木の１本ずつに漆喰をていねいに塗った例です。丸亀城天守の垂木が波を打ったような曲面になっているの

図2-19　姫路城天守（上）と丸亀城天守（下）の垂木
姫路城は松山城と同じく、垂木の１本ずつに漆喰が塗られている。

は、まとめて漆喰を塗っているから。手抜き技法ではありますが、これはこれで美しく、なにより経済的なことが利点です。

丸岡城天守や弘前城天守は、表面に何も塗らずに垂木を素木のまま仕上げた例です。趣きはありますが、防火性が低くなります。安土城天主や豊臣大坂城天守では、垂木を漆塗りとしていた可能性もあるようです。

出し桁と腕木によって垂木が支えられるのが、天守の一般的な軒の構造です。

天井の種類としくみ

屋根の骨組みのことを「小屋組み」といいます。屋根の荷重を支え、柱や壁に力を伝達します。日本の伝統的な小屋組みである和小屋組みは、小屋梁の上に屋根勾配に応じた小屋束を立て、棟木、母屋をかけて垂木を取り付けます。

天井を張らず、梁や垂木などを鉋削りにして仕上げたものを「化粧屋根裏天井」といいます。茶室などに見られる、屋根裏の構成をそのまま見せる天井です。寺院建築や現代住宅の和室で一般的に用いられているのが、「棹縁天井」で、棹縁という細長い材を一定間隔で平行に並べ、その上に直角になるよう天井板を羽重ねに並べて張ります。

寺院建築のほか、城の御殿でよく見かけるのが「格天井」です。角材を格子に組み板を張った天井のことで、天井板には極彩色の紋様や絵柄が描かれます。格子に組んだ組木を格縁、その間を格間といい、格天井の格間が板の平面であるのに対して、さらに格間に格子状の細かな格縁を組んだものを「小組格天井」といいます。

図2-20　丸亀城（上）と彦根城（下）天守の小屋組み

天井のほぼ全部または一部を一段持ち上げたようにしたものを「折上天井」といいます。天井が壁面から垂直に張られるのではなく、盛り上がるようにして斜面もしくは曲面で持ち上げられてから水平になっている天井のことです。折上にも1重と2重とがあり、2重のものは「二重折上格天井」と呼ばれます。組入天井（格子形に組

図2-21　松本城天守最上階の井桁梁
テコの原理を利用した、重さを分散させる天井の構造

んだ天井）や格天井、小組天井などが組合わされることがあり、それぞれ「折上組入天井」「二重折上小組格天井」などと呼ばれます。

天守の内部には装飾性が追求されていませんから、天井もシンプルです。構造に違いはあれど、御殿のような折上天井は見かけません。姫路城大天守最上階や犬山城天守最上階は棹縁天井で、棹縁が一定間隔に並べられ、天井板が載せられています。

特殊な天井の構造がよく見られるのが、松本城天守の最上階です。天井は張られておらず、太い梁が井の字に組まれた「井桁梁」を見ることができます。乾小天守（いぬいこてんしゅ）も同じつくりです。屋根は四方へ出て軒をつくる垂木の下に、さらに太い桔木20本が放射状に置かれます。これは重い瓦屋根の軒先を支えるため、テコの原理を応用したもの。化粧垂木と垂木の間に桔木を配することで、テコの原理で重さを分散させるのです。鎌倉時代以来、日本で受け継がれてきた技術です。

彦根城天守最上階も天井板が張られず、梁組が露出しています。曲がりくねった丸太が見事に組まれ、独特の存在感を放っています。

天守の屋根は本瓦葺き

瓦葺きといわれると、現在も住宅で見られる瓦屋根を連想しますが、これは「桟瓦（さんがわら）」と呼ばれるもので、江戸時代中期に創案されたものです。桟瓦は断面が波形で、一隅または二隅に切り込みのある瓦のことを指します。

城や寺院は、すべて「本瓦葺き」でした。本瓦葺きは丸瓦（牡瓦（おがわら））と平瓦（牝瓦（めがわら））を交互に組み合わせて葺くもの。重量がかさむため、頑丈に建てられていない民家では耐えられず、そのため平瓦と丸瓦を一体化した桟瓦が誕生しました。

軒先は下からよく見えるところでもあるため、瓦にも意匠に工夫が凝らされています。軒先に並ぶ円板または円弧状板を「瓦当（がとう）」といい、瓦当のついた丸瓦を「軒丸瓦」、平瓦を「軒平瓦」と呼びます。軒丸瓦を「巴瓦（ともえがわら）」、軒平瓦を「唐草瓦」などと呼んだりするのは、巴や唐草の文様が多く使われたからです。必ずしも軒先だけに用いられるわけではなく、破風や大棟にも使われます。垂木の先端を飾るものは「垂木先瓦」といいます。

大棟の瓦積みは、段状に下方から積み上げる「熨斗瓦」と、最上部に伏せる「雁振瓦」の２種類からなります。平安時代になると軒先と同じような「甍巴」や「甍唐草」が使われるようになり、さらに桃山時代頃からは「輪違瓦」や「菊丸瓦」を使って七宝模様を出したり紋章を入れたりして趣向を凝らすようになりました。

熨斗とは、雨水を棟の表側と裏側に流すために積まれる平瓦のことで、雁振瓦は棟に載せる半円状の丸瓦です。輪違瓦は装飾の目的で用いられる瓦で、２〜４寸（約６・１〜約12・１センチ）の無数の輪が重なり合った形状。菊花の文様がついた菊丸瓦とともに棟積みの側面を彩ります。

瓦といえば、近年全面葺き替えが行われた姫路城天守が記憶に新しいところです。屋根面積は約２０６０平方メートルで、約７万５０００枚の瓦が葺かれています。事前調査の結果、破損は１パーセント程度と判明。しかし創建以来17回以上の工事が行われ、昭和の大修理では95パーセント近くが葺き直されていますから、慶長期からの瓦はほぼ姿を消しました。

瓦はすべて取り外して洗浄と破損調査が行われ、極力再利用して葺き直されました。昭和の大修理の際、屋根荷重を軽減するために創建当時のベタ葺き（野地板全体に土を敷き詰めて葺く方法）から葺き土量幅５寸（約15・２センチ）、厚さ１寸５分（約４・５センチ）とする筋葺き

（瓦の谷部だけに筋状に葺き土を置く方法）に変更されていましたが、今回はさらに強風や揺れへの抵抗力を増すために、葺き土に加えて、すべての平瓦が釘留めされました。屋根目地漆喰も施されています（第5章参照）。

天守の瓦の形状は56種類におよび、基本的に大きさは、平瓦で幅９寸３分（約28・２センチ）、長さ1尺1寸5分（約34・８センチ）、丸瓦で直径5寸8分（約17・６センチ）、長さ１尺５寸（約45・５センチ）です。

姫路城に使われている軒平瓦は瓦当がほぼ垂直に垂れ、周囲にある縁の下部がなく、水切りがよくなるように角度がつけられています。昭和の大修理の際の図面には、瓦当の垂直面と上端面に１１７度の角度をつけ、周囲の木口（こぐち）面に約５・７度の勾配をつけるよう指示されており、縁を切ることで雨水の切れをよくし、壁面への水漏れを少なくする工夫がみられます。創建当時のものと思われる軒平瓦には、さらに瓦当周囲木口の縁の外側先端に指でつまんだような膨らみがあり、雨水の垂れを防止する知恵が隠されています。

姫路城の軒平瓦や軒丸瓦といえば、滴水瓦であることが大きな特徴です。大天守のみならず、小天守や櫓にも葺かれています。瓦当部分がとても大きくつくられており、また平瓦への取り付け角度が大きいため、屋根に葺かれたとき瓦当は、下向きでもなく垂直でもなく、少し上を仰ぐようになります。雨水から軒先と壁面を守ることができるばかりでなく、瓦当に施された城主の

図2-22　姫路城の瓦

鬼瓦には七三桐紋、鬼瓦の上の鳥衾や軒丸瓦、滴水瓦には揚羽蝶の家紋が見られる。

家紋を大きくつくることもできます。

姫路城は城主の入れ替わりが多く、瓦当にさまざまな家紋が見られるのも特徴です。池田家の揚羽蝶、同じく池田家が使用していた七三桐紋、本多家の立葵、松平家とみられる沢瀉、酒井家の剣酢漿草、榊原家の源氏車などが発見できます。

会津若松城の天守や櫓も、平成23年（２０１１）に瓦が葺き替えられました。瓦が赤い色なのは、釉薬のせい。会津は寒冷地域のため、一般的な土瓦では割れてしまいます。そこで酸化鉄を使った含水性の低い瓦を焼いて用いました。

丸岡城天守に葺かれた石瓦も、同じく寒冷対策です。近隣の足羽山で採れる笏谷石を使った、石製の瓦が葺かれています。笏谷石は越前青石とも呼ばれる美しい石で、加工がしやすいのが特長です。古墳時代から石門や石棺にと重宝され、室町時代には寺院を独特の美で飾ってきました。

徳川幕府系の城では銅瓦がよく使われたようです。徳川家光が寛永14年（１６３７）に築いた天守も、銅板張りで銅瓦葺きの真っ黒な外観だったと考えられます。名古屋城天守も銅瓦葺きで、木製の屋根瓦に0・5ミリの銅板を張り付けたものです。当時は高価だった銅の採用は権力誇示となり、軽量化や耐火性にすぐれているという大きな利点もありました。青緑色をしているのは、銅が酸化することで生成される緑青（ろくしょう）のせいです。現存例では、弘前城天守に銅瓦が葺かれています。

図2-23　丸岡城天守の石瓦
寒さに強い、笏谷石でつくられた石瓦が葺かれている。

瓦葺きのほか、「檜皮葺（ひわだぶき）」「柿葺（こけらぶき）」「茅葺（かやぶき）」「銅板葺き」などがあります。寺院は瓦葺き、神社は茅葺きが本来の姿で、伊勢神宮は現在でも茅葺きです。檜皮葺は、その名の通り檜の樹皮を1尺5寸〜2尺（約45・5〜60・6センチ）の長さに切り、重ね目の間隔を1寸5分（約4・5センチ）ほど重ねて、竹針で止めながら下から葺いていきます。

柿葺は、柿板と呼ばれる厚さ3ミリ、長さ30センチほどの薄椹（うすさわら）や杉の板割を、何枚も重ねて葺く手法です。屋根を木材の板で葺くことを「板葺き」といい、その最高級品が柿葺になりますが、そのほかに厚さ1〜3センチの板を葺く「栩(とち)葺」もあります。

瓦の権限と金箔瓦

瓦の文様は、年代を特定する大きな手がかりになります。日本で最初に瓦が伝えられたのは飛鳥寺造営時で、まだ軒丸瓦と軒平瓦がセットではなく、創建当初の法隆寺とされる若草伽藍ではじめて使われたとみられます。飛鳥時代を通じて飾りのない簡潔な様式ですが、奈良時代、平安時代と変化していきます。日本の伝統的な文様のひとつである巴文は、平安時代末期頃から用いられるようになりました。

日本初の城専用の瓦は、織田信長が、天正4年（1576）の安土城築城時に唐人一観に命じて焼かせています。それ以前に織田一門の細川藤孝(ふじたか)が改修した勝龍寺城（京都府長岡京市）からも瓦が出土していますが、いずれも寺院の瓦の転用です。勝龍寺城と同笵(どうはん)の瓦（同じ型でつくられた瓦）が明智光秀の坂本城や佐々成政の小丸城（福井県越前市）から見つかっており、信長による職人の掌握と瓦導入の背景を匂わせます。

興味深いのは、長宗我部元親の岡豊(おこう)城（高知県南国市）で天正3年（1575）に和泉の瓦師によって製作された瓦が発見されたことです。元親の妻は光秀の縁族で、光秀を介して信長に接近しています。和泉が信長の支配下に入る年でもあり、やはり信長や光秀との関与を示す重要な要素と考えられます。

先に述べた、信長と秀吉の金箔瓦の違いも興味深いところです。信長は瓦の凹部なのに、秀吉が凸部に金箔を貼り付けているのはなぜなのでしょうか。凸部に金箔を貼ると風雨に直接さらされますから、耐久性を考慮すれば信長方式を採ったほうがよいわけです。ただし、秀吉方式のほうが光が反射しやすく、約３倍も金の輝きや存在感が増したようです。

ただし金箔の純度は、信長が用いたもののほうが高かったと判明しています。塗り方も、信長系のほうが緻密です。どうやら信長は、瓦の細部にまでこだわった几帳面な城づくりをしていたようです。信長が親族の城にしか金箔瓦の使用を許さなかったのに対し、秀吉は家臣の城にも使用を許可していますから、おのずと量産型になってしまったのかもしれません。

鴟尾と鯱

大棟や降棟などの先端には、「鴟尾（しび）」が載ります。形状から沓形（くつがた）ともいわれます。起源は明らかではないものの、邪を祓（はら）い火伏せの意味を持つものとして、鰐（わに）とも竜ともつかない獣から起こったものともいわれます。奈良時代の寺院や宮殿には、たいてい鴟尾が上げてあります。

城に用いられている「鯱（しゃちほこ）」は鴟尾とよく似たもので、こちらは明らかに魚です。とはいえ架空の動物で、胴体は魚で頭部は虎（竜）という想像上の生きものです。建物が火事の際には水を

図2-24　姫路城の鬼瓦と鯱

噴き出して火を消すということから、火除けの守り神とされました。寺院の厨子などを飾っていたものを、信長が安土城天主の装飾として採用したことが、城での鯱のはじまりとされています。

鯱というと名古屋城の金の鯱が有名ですが、金鯱が載せられているのは名古屋城天守だけではありません。信長の安土城を筆頭に、大坂城などの秀吉の居城、岡山城天守や松本城大天守など豊臣恩顧の大名の城にも載せられたと考えられます。粘土製の素焼きの鯱瓦に漆を塗り、金箔を施したものがほとんどだったようで、なかには金箔押しとしたものもありました。

名古屋城天守の鯱が有名なのは、黄金の板を打ちつけたものだったからです。慶長17年（1612）に完成した当時は一対で、慶長大判1940枚分、215・3キロの純金が使用されたといわれます。現在の鯱は昭和34年（1959）の再建時に復元されたもので、北側は雄で、南側が雌。厚さ0・15ミリの18金の金板が張られ、金量は雄が44・69キロ、雌が43・39キロです。

やがて軽量化を図るため、瓦の代わりに松江城天守のような木造で銅板張の鯱が多くつくられるようになりました。それを高級化したのが、高知城天守や江戸城の櫓や城門に上げられた鋳造の青銅製の鯱でした。

鬼瓦や鬼板も、おもに厄除け・魔除けです。鬼のような顔になるのは室町時代以降で、それ以前は蓮華文などでした。近世になると、火除けの鴟尾と魔除けの鬼瓦が一緒に象(かたど)られるようになったようです。一般住宅に用いられるようになると、鬼の形相が隣近所を威嚇しているようにも見えることから、七福神をデザインしたり、火災防止のため〝水〟という文字を取り入れたりするようになったようです。

第3章

天守の発展
～形式と構造の変化～

天守は個性的で、築城者の技術力や政治的立場が大きく影響します。しかしよく見ていくと、築造年により系統が異なり、ゆるやかに発展していったことがわかります。

この章では形式の違いと構造の変化に注目して、天守がどのように発展していったのか考えてみましょう。

望楼型と層塔型

天守は建築上、「望楼型（ぼうろう）」と「層塔型（そうとう）」の2つの形式に分かれます。望楼型は、大きな入母屋造の建物の上に望楼を載せた形式。2つの建物が組み合わさったような構造です。これに対して層塔型は、五重塔のように各階が積み上がったタワーのような形式です。2つの形式は変遷の過程から、初期（前期）望楼型→後期望楼型→層塔型に分けられます。厳密にはさまざまな説があり変遷の定義は曖昧なのですが、城の発展とともに変化があります。

望楼型天守の第1号は、天正4年（1576）に織田信長が築いた安土城天主です。望楼型天守は、室町時代末期に入母屋造の大屋根の上に望楼を載せる基本構造が発生し、安土城天主の竣工をもって完成したといえそうです。

天正10年（1582）6月に信長が没した後、豊臣秀吉は天正11年（1583）から大坂城を築きはじめ、天正14年（1586）から聚楽第、天正19年（1591）から肥前名護屋城、慶長

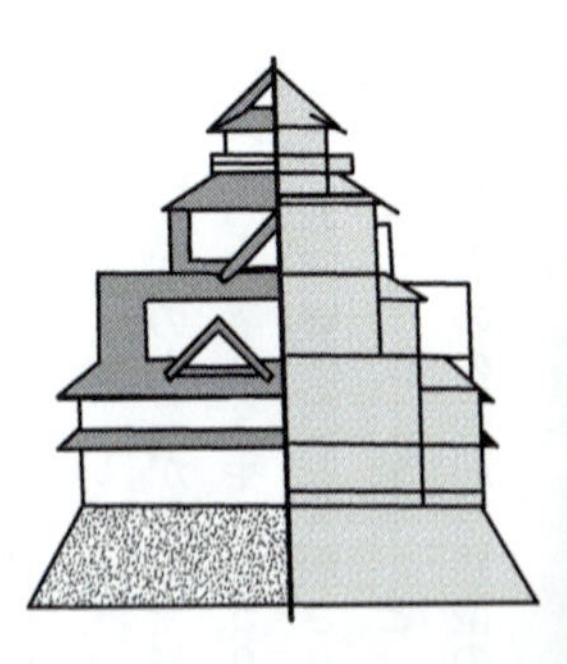

丸岡城天守

望楼型

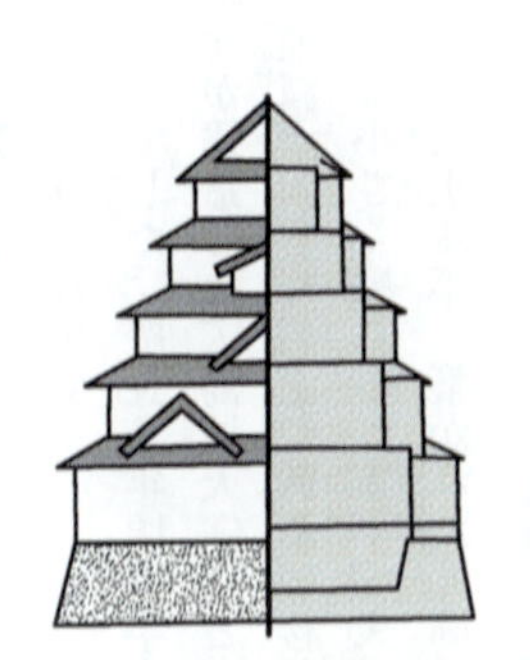

丸亀城天守

層塔型

図3-1　**望楼型と層塔型**

望楼型は、建物の上に望楼を載せた形式。丸岡城のほか、姫路城、彦根城、松江城、犬山城の天守などが該当する。層塔型は、タワーのように各階が積み上がった形式。丸亀城のほか、松山城、備中松山城、宇和島城の天守など。

2年（1597）から木幡山伏見城と次々に城を築きます。天正13年（1585）に完成した大坂城天守をはじめ、いずれも天守は望楼型だったとみられます。

豊臣政権下の大名が築いた城の天守も、望楼型でした。慶長2年頃に宇喜多秀家が建造した岡山城天守や、慶長3年（1598）に毛利輝元が建造した広島城天守などもその例で、これらの天守は、初期望楼型と分類されます。屋根の逓減が大きく、上に載る望楼部分は規模が小さいため、印象としては下層階がどっしりと、上層階は小さく感じられます。犬山城天守は、後に改造されているものの初期望楼型の典型とされます。天正4年に築かれた丸岡城天守も、初期望楼型の代表例です。

慶長5年（1600）の関ヶ原合戦後は、諸大名がこぞって天守を建造しました。慶長6年（1601）頃に加藤清正により建造された熊本城天守、慶長11年（1606）に井伊直継により建造された彦根城天守、慶長13年（1608）に池田輝政により建造された姫路城天守、慶長16年（1611）に堀尾吉晴により建造された松江城天守などです。

この時期を境に、望楼型天守は屋根の逓減率が小さくなり、望楼部分の物見の要素が少なくなる傾向があります。たとえば姫路城天守をみると初期望楼型の天守と比べて下層階と上層階の大小の差がなく、2つの建物が重なっているというよりは一体化した建物のように見えます。この構造が、後期望楼型と分類されるものです。

望楼型天守に代わる新型として登場したのが、層塔型天守です。慶長13年に藤堂高虎が築いた今治城の天守がその発祥とされます。竣工前に中断され、慶長15年（１６１０）に徳川家康に献上する形で丹波亀山城へ移築されたため、実質的には丹波亀山城の天守が第1号となります。

望楼型と層塔型の決定的な違いは、望楼型が基部に入母屋造の大屋根を持つのに対し、層塔型はそれを持たない点です。層塔型は平面規模を逓減させながら各階を規則的に積み重ねる構造ですから、最上重の屋根だけに入母屋屋根があります。デザインに統一感があるといえます。

層塔型天守が登場すると、望楼型天守は築かれなくなります。層塔型への移行期は、有力な外様大名の天守建造時期が一段落しはじめ、徳川将軍家や親藩大名や譜代大名の多くが天守を建造する時期にあたります。そのため必然的に、層塔型は徳川系の城の形式となりました。譜代大名の水野勝成が元和8年（１６２２）に建造した福山城天守、寛文9年（１６６９）に親藩大名の松平頼重が建て直した高松城天守も層塔型です。

慶長17年（１６１２）には名古屋城天守が築かれ、それを応用する形で、寛永3年（１６２６）に徳川大坂城天守、寛永15年（１６３８）に徳川家光による3代目江戸城天守などの巨大天守が誕生しています。これらもすべて、層塔型天守です。

慶長15年に細川忠興（ただおき）が建造した小倉城天守、元和6年（１６２０）に松平忠良によって改修された大垣城天守、慶長末期に建造された大洲城天守も層塔型です。ほか、寛永16年（１６３９）

に改築された会津若松城天守、寛文6年（1666）頃に建造された宇和島城天守、宝永2年（1705）に再建された小田原城天守、明和3年（1766）に建造された水戸城天守、嘉永3年（1850）に再建された和歌山城天守、嘉永5年（1852）頃に再建された松山城天守、安政元年（1854）に再建された松前城天守も層塔型です。

元和元年（1615）の武家諸法度公布後に天守代用として築かれた三重櫓も、すべて層塔型でした。よって、万治3年（1660）に建造された丸亀城天守、文化7年（1810）に再建された弘前城天守も層塔型となります。

重と階

天守の構造は、「重」と「階」で示されます。たとえば姫路城天守は5重6階地下1階、犬山城天守は3重4階地下2階、松江城天守は4重5階地下1階、松本城天守は5重6階、彦根城天守は3重3階です。

3重3階の彦根城天守は3階建てだとわかりますが、5重6階地下1階の姫路城天守は地上5階建てなのか6階建てなのか混乱する人も多いことでしょう。重は、外観の屋根の重数を表します。これに対して、階は内部の階数を示します。つまり、5重6階地下1階の姫路城天守は、外から見ると5重の建物で、内部は6階＋地下1階の7階建てということです。犬山城天守は4階

＋地下２階の６階建て、松江城天守は５階＋地下１階の６階建て、松本城天守は６階建て、彦根城天守は３階建てです。

古式の天守は屋根裏階を持つことがあるため、重数より階数が多くなることがあるのです。どちらかというと初期の天守は重数と階数が一致しない傾向にありますが、必ずしも新式の天守が一致するわけではありません。

天守の構成

望楼型と層塔型は、天守そのものの建築上の種別です。それとは別に、付属する建物を含めた天守の構成は４種類に大別されます。「複合式」「連結式」「独立式」「連立式」の４種類です。

天守に付櫓や小天守が付属する形式を、複合式といいます。たとえば松江城天守は、天守入口に付櫓が付属しています。同じように、犬山城天守も入口に小さな櫓が付属しています。これらが複合式の例で、出入口にひとつ建物を複合させたつくりです。彦根城天守も、天守に付櫓と多聞（たもん）櫓が付属した複合式です。

複合式に対して、付櫓や小天守が天守に直結せず、渡櫓（わたりやぐら）などで連結させているものを連結式といいます。熊本城天守がその例で、大天守と小天守が渡櫓と呼ばれる渡り廊下のような建物で連結されています。名古屋城天守も、大天守と小天守が橋台で結ばれた連結式です。松本城天守は特殊で、天守と小天守を渡櫓でつないだ連結式に2つの櫓を付属させた「連結複合式」です。

独立式は、天守が単独で建つ形式です。宇和島城天守や丸岡城天守のように、付櫓や小天守などが付属しない形式です。弘前城天守や丸亀城天守は、現在は単独で建っているため独立式に見えますが、明治維新までは天守に多聞櫓が接続していたため独立式ではありません。

姫路城天守は、大天守と3つの小天守（乾小天守・西小天守・東小天守）の4棟が「ロ」の字のように四隅に置かれ、それぞれが4棟の渡櫓（イ・ロ・ハ・ニの渡櫓）でつながれています。このように、大天守と複数の小天守または隅櫓を渡櫓で連結させた形式を連立式と呼びます。姫路城は大天守と三重の小天守を二重の渡櫓でつないだ豪華な仕様ですが、必ずしも小天守や隅櫓が三重、渡櫓が二重なわけではなく、伊予松山城天守は、大天守・小天守・二重の隅櫓が一重の渡櫓で結ばれた連立式です。

和歌山城天守は、天守、小天守、2棟の二重隅櫓、櫓門を多聞櫓で連結させ、天守曲輪（てんしゅくるわ）と呼ばれる区画をつくりだしています。同じように高松城も、二重櫓、平櫓、櫓門、多聞櫓をつなげて本丸がつくられ、大洲城も2棟の二重櫓、櫓門、多聞櫓で本丸をつくり出しています。これらは連立式天守の進化系といえるのかもしれません。

一般的には、もっとも単純な独立式から複合式へと進化し、さらに連結式や連立式へと複雑化したといわれます（厳密には付櫓を天守入口とした複合式も初期のものと考えられる）。慶長5

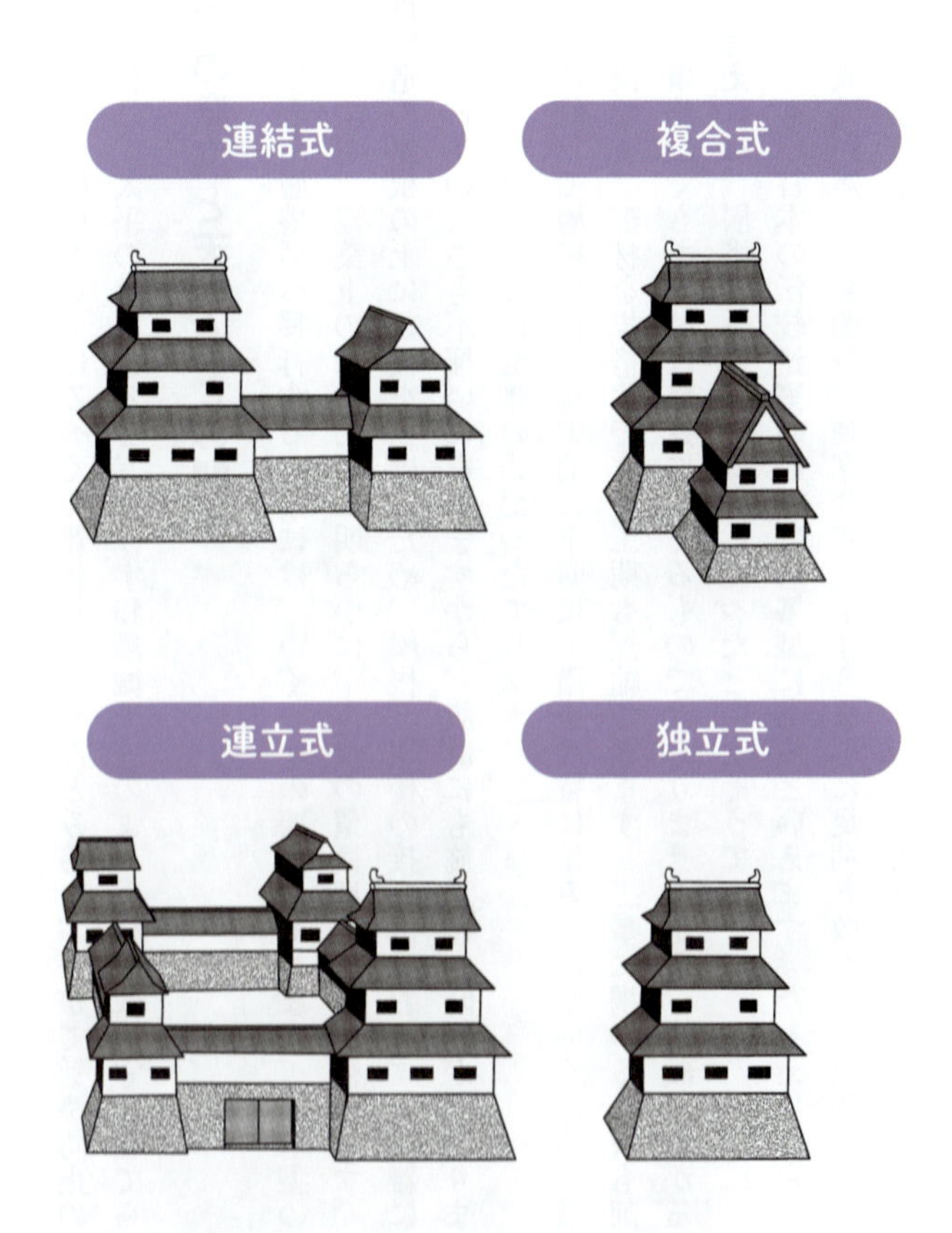

図3-2　天守の構成
４種類に大別される。松江城天守のように天守に小天守や櫓が付属するものを複合式といい、熊本城のように付櫓や小天守が渡櫓で連結したものを連結式という。宇和島城天守のように単独で建つものを独立式、姫路城天守や松山城天守のように、天守と小天守や櫓の計４棟を渡櫓でつないだものを連立式という。

年前後を境に防御力を上げるべく複雑化していったとみられ、やがて延焼防止のため再び独立式へと移行し、太平の世になると、再び宇和島城天守のような独立式天守が建てられたようです。

天守の発展と天守台との関係

望楼型から層塔型へ移行する背景には、いくつかの要因があります。層塔型のほうが望楼型より新式ですが、建築上の構造的には明らかに、古代の望楼型のほうが複雑です。望楼型は大きな入母屋造の屋根の上に望楼を上げるため、屋根と望楼の接合部はおのずと複雑になります。各階の階高や材木の長さも不揃いになりますから、設計にも施工にも時間がかかります。美観を保ちながら整合性を取るのは至難の業だったでしょう。

これに対して層塔型は、規則的に下階に上階を順番に積み上げていくため、構造としては実に単純明快です。部材を規格化でき、工期も短縮できます。工事に携わる人員も削減できたでしょう。軍事施設でもある城は悠長につくるものではありませんから、建設にかかる時間や人員、費用を考えれば、層塔型への移行は必然だったといえそうです。

そもそも、日本の伝統建築の起源は層塔型にあるといえます。たとえば応永4年（1397）に足利義満が建てた金閣や、長享3年（1489）に足利義政が建てた銀閣も、建築上は層塔型です。建築技術でいえば、層塔型は新式ではなくむしろ古式なのです。

では、なぜ層塔型天守が建てられなかったのでしょうか。それは、天守の土台となる天守台の築造技術が未発達だったとの説が一般的です。17世紀初頭以前の段階では天守台の上面を正確な矩形（くけい）に築く技術がなく、天守台は台形や不等辺四角形になってしまいました。たとえば広島城の天守台は、北辺より南辺が4分の1間、西辺より東辺が半間長い不等辺四角形です。犬山城の天守台も北辺より南辺が1間長い台形、姫路城の天守台は東南隅が鈍角のため北辺が3分の1間長くなっています。

望楼型天守は、たとえ平面が歪んでいても、入母屋造の屋根でいったん建物を完結させられるため、その上に載せる建物を平面で整形することができます。つまり、下部の建物がどんなに歪んでいても、上部に歪んでいない建物を載せることで辻褄を合わせられるのです。

ところが層塔型天守は、各階を均等に逓減させることが前提ですから、いつまでも帳尻を合わせられないまま最上階まで歪みが持ち越されてしまいます。歪みは上階にいくにつれて増幅し、最上階はおかしな形状になってしまいます。

つまり、天守台を矩形につくれない以上、層塔型天守は建てられないというわけです。広島大学大学院の三浦正幸教授によれば、層塔型天守は天守の間口と奥行の両方から均等に逓減させながら上階を積み上げていくため、間口と奥行の差は原則的に2間以下とし、1階の平面は正方形もしくは正方形に近い長方形でなければならないといいます。もし、間口と奥行の差が2間以上ある細長い1階平面だとすると、その差は上階まで持ち越され、最上階が長屋のような細長い平面になってしまうのです。

宇和島城天守や松山城天守などを見ると、天守最上階はたいてい正方形になっています。均整の取れた天守にするためには、最上階を正方形もしくは長辺と短辺の差が2間以内の長方形にするのが理想的です。ですから逆算して考えると、1階平面があまりにも歪んでいてはいけないのです。望楼型天守では入母屋屋根で間口と奥行の比率をリセットできますから、天守台が不等辺四角形であろうと台形であろうと、最上階を正方形にできました。

彦根城天守を見てみると、1階平面の長辺と短辺の差がかなりあります。間口11間×奥行7間で、歪んだ細長い長方形のような平面構造です。犬山城天守も、北西部が出っ張った特殊な形状です。こうした平面構造では層塔型天守を築くのは不可能で、望楼型天守を築かざるをえませんでした。

層塔型天守の第1号となる今治城天守（丹波亀山城天守）を発明した藤堂高虎は、それに先立つ慶長6年（1601）に宇和島城天守を建造しています（現在の宇和島城天守ではない）。高虎時代の宇和島城天守は、平面が正方形の望楼型でした。天守台が自然岩盤上の平地に直接築かれていたため、石垣の技術に左右されずに歪みのない天守台を築けたようです。宇和島城天守からヒントを得て、層塔型天守が考案されたのかもしれません。

天守１階の平面〜身舎と入側〜

城に限らず、日本の伝統的建築物の平面形式は寸法ではなく柱間の数で表現されます。規模を表すときの単位は、桁行の柱間の数が「間(けん)」、入側(いりがわ)の数は「面」です。建築における寸法基準のひとつが「京間(きょうま)」で、1間は6尺5寸（約1・97メートル）です。

天守1階の構造を見ていきましょう。中央にある柱で囲まれたスペースを「身舎(もや)」といい、一般的に天守1階の平面は、身舎とそれを取り囲む「入側」から構成されます。身舎は、宇和島城や犬山城などの小規模な天守では1室となりますが、基本的には数室あります。大規模な名古屋城天守では10室に分かれていました。姫路城天守1階は、東西13間余×南北10間余で、身舎は4部屋。身舎は南北に分けられ、南側は大広間で、北側は蔵仕様の3室に区切られています。姫路城天守の入口は地階で、地階にも身舎があり、3間四方の6室に区分されています。

身舎のまわりを廊下のように囲む、通路のようなスペースが入側です。入側は「庇(ひさし)」または「武者走り」とも呼ばれます。松本城天守では武者走りが身舎よりも1段下がって通路になっていますから、身舎と入側の関係が分かりやすいでしょう。姫路城天守1階の身舎のまわりには、幅2間半の入側がめぐっています。入側の北側には東小天守に通じるイの渡櫓への出入口、西側には西小天守に通じるニの渡櫓への出入口があります。

天守台が矩形ではなく歪みのある台形や不等辺四角形である場合、その上に建てる天守1階も不整形になってしまいます。その場合は、身舎はあくまで矩形とし、入側の幅で調整しました。たとえば、犬山城天守では図3－4のように、天守台の南辺が北辺より1間長い18×15メートルの台形であるため、天守1階の平面も台形となっています。そこで、東側の入側を広げることで調整しています。彦根城天守の1階も、19×11メートルの細長い形状をしているため、入側で調整しています。一般的な入側の幅は2間から1間半がほとんどで、たいていの天守台の歪みは入側で帳尻を合わせられます。熊本城天守や萩城（山口県萩市）天守のように、腕木を使って1階を天守台よりも張り出させている天守の場合は、入側で調整しなくても済みました。

図3-3　松本城天守1階の武者走り
身舎より45センチほど下がったところに設けられている。

身舎の周囲に立てられる入側柱は、原則として1間ごとに等間隔で整然と並べられます。柱間（柱と柱の間）の寸法は、6尺5寸や6尺3寸（約1・91メートル）が一般的。江戸幕府により築かれた名古屋城、江戸城、徳川大坂城、二条城などの天守では、7尺（約2・12メート

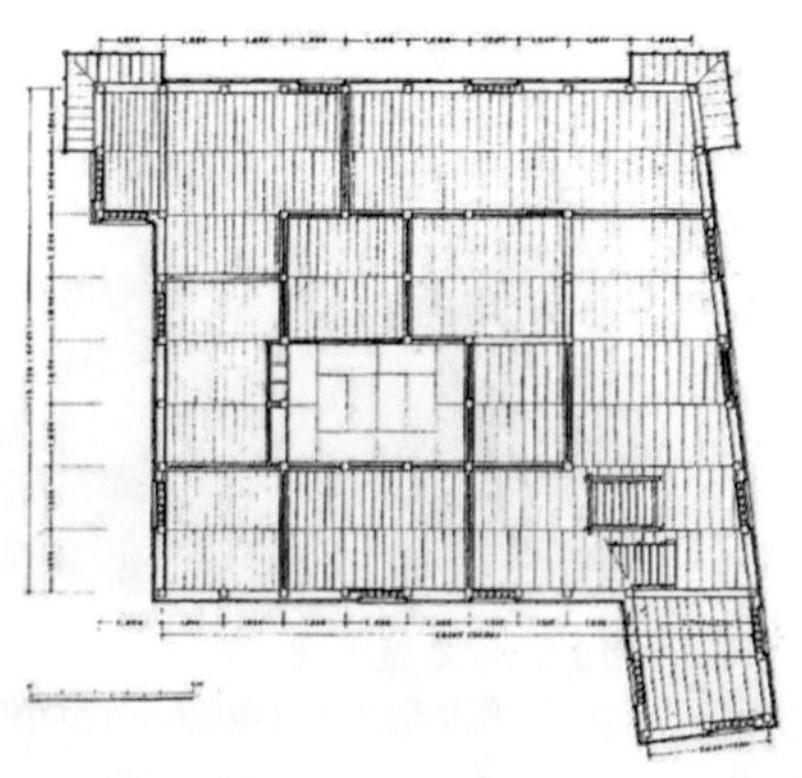

図3-4　犬山城の天守平面図１階
天守台の南辺が北辺より１間長いため、天守の平面も東西側が南に開いた不等辺四角形になっている。　『国宝犬山城天守修理工事報告書』より転載

ル）という特大なものが使われました。

福山城天守は変則的で、桁行は７尺１寸（約２・１５メートル）、梁間は７尺４寸（約２・２４メートル）です。元和期以降に建てられた新しい天守では、入側柱を間引いて建てる工法も登場します。天守の外壁を支える側柱(かわばしら)は、厚い土壁を支えるための処置として１間ごとに主柱(おもばしら)を立て、その中間にやや細めの間柱(まばしら)が加えてありました。

２階以上の平面は逓減していきますから、入側の幅も階を重ねるごとに狭くなります。身舎の桁行が３間より小さくなる場合は、身舎を設けないのが一般的です。また、上階になると破風(はふ)の間（１７１ページ）がつくため、その部分が出っ張りとなって複雑な平面となります。破風によって、規模や形状はさまざまに変化します。

平面規模が大きかった天守

名古屋城天守や徳川大坂城天守、徳川家光が築いた江戸城天守など、徳川幕府が築いた天守は群を抜いて大きく、床面積もほかの5重天守の2～5倍を誇りました。前述の三浦教授によれば、江戸城天守の1階平面は間口18間×奥行16間と最大規模で、名古屋城天守と徳川大坂城天守も同等の規模でした。一般的に5重天守の間口は8～11間で、姫路城天守ですら間口13間×奥行10間ですから、比較するとその広さはかなりのものです。松江城天守は四重ながら、間口12間×奥行10間と大型です。三

図3-5　熊本城天守
腕木を使い、1階を天守台より張り出させている。

重天守は間口6～8間×奥行5～8間が標準となります。

最上階は、初期の5重天守は3間四方（約5・91メートル四方）と小さく、慶長後期になると拡大します。最大は江戸城天守と名古屋城天守で、8間×6間。姫路城天守や徳川大坂城天守は7間×5間、松江城天守は4間四方です。

松江城天守や松本城天守は廻縁（まわりえん）（１３７ページ）を取り込んだ形跡があり、これも最上階が拡大した要因となります。南蛮造の天守は当然ながら、最上階の面積が広くなります。

柱の位置と数

各階の柱の配置は、時代によって変化するようです。初期の天守では、上下階の柱の位置がバラバラでほとんど一致せず、上階の柱は下階の梁あるいは梁上に渡した土居桁の上に立ちます。そのため、桁行方向と梁間方向のどちらも半間ずつ柱位置がずれることがよくあります。年代が下るにつれ、柱の位置が揃い、安定した構造へと移行していきます。

望楼型と層塔型を比較すると、旧式の望楼型のほうが早くから柱位置を揃える傾向があり、層塔型は各階の逓減の方法に苦慮したため、柱位置を揃えるのが遅れたとみられます。

慶長2年頃建造の岡山城天守の断面図を見てみると、4〜5階間の梁間方向の柱位置を除いて、柱の位置は比較的一致しています。慶長14年（１６０９）に建てられた姫路城天守も、ほぼ一致しているといえます。望楼型天守では入母屋造の基部が2階建ての場合、1階と2階がほぼ同じ間取りになるため柱の位置も一致します。入母屋屋根と望楼の接合部や最上階とその下階の柱位置にはずれが生じやすくなりますが、そのほかの階では柱の位置を揃えやすい形式といえます。慶長16年（１６１１）頃に築かれた松江城天守になると、ほぼ柱の位置が揃います。

これに対して層塔型天守は、慶長20年（１６１５）に完成したとみられる津山城天守でも、4～5階の身舎以外は柱の位置がバラバラです。名古屋城天守も、かなり柱の位置がずれています。層塔型は各階で均等に平面の大きさを縮小していきますが、そのとき1間ごとに逓減させるからです。身舎の大きさを1間ずつ減らすと各階の身舎柱は半間ずつずれることになり、すべての柱が半間ずつずれてしまうのです。2間ずつ逓減させれば上階の柱が揃いますが、その場合には1階が14間以上必要ですから、江戸城天守などの巨大な天守でなければ適いません。元和8年（１６２２）頃に建造された福山城天守でようやく柱の位置が揃ったようで、1階から最上階までまったく同じ大きさの身舎が立ち上がり、入側の幅だけがだんだん狭まる規則的な構造が完成します。

天守1階の柱は原則として、外壁部分、身舎と武者走りの境、部屋と部屋の境に、1間の間隔で立てます。外壁部分は厚い土塀を支える必要があるため、中間にやや細い間柱を入れることもあります。天守1階に立つ柱の数は、6間四方の宇和島城天守で44本です。18間×16間の江戸城天守では１９１本に及び、最多は安土城天主の２０４本でした。総数では、江戸城天守が７００本に達します。

前述の通り、天守には8寸（約24・2センチ）から1尺5寸（約45・5センチ）の太い柱が用いられます。現代住宅に使われる柱は一般的に10センチ角ですから、その差はかなりのものです。地震に対する強度は３００～４００倍になると考えられています。

通し柱と心柱

1階から2階まで、または2階から3階までといったように、階をまたいで通した柱のことを通し柱といいます。現代住宅では必須で、一般的には4寸（約12・1センチ）の角柱が使用されます。天守における通し柱の使用は珍しくなく、現存するほとんどの天守で見られます。

信長の築いた安土城では、『信長公記』によれば本柱は長さ8間、太さ1尺5寸6分（約47・3センチ）四方でした。総高16間半であった天守のほぼ半分近い長さがあることから、地上6階、地下1階のうち少なくとも3階部分を貫く通し柱だったと考えられています。

望楼型天守では1階と2階、最上階とその直下階が同形同大になることが多いため、そうした形状の天守ではよく通し柱が用いられます。丸岡城天守、松本城天守、姫路城天守、犬山城天守など望楼型天守で2階分を貫く通し柱が配されています。

松江城天守では、地階～1階に2本、1～2階に38本、2～3階に10本、3～4階に34本、4～5階に12本と、計96本の通し柱があることが判明しました。国宝化を決定づけた大きな要因のひとつで、望楼型から層塔型に変容する過程で発生した、通し柱を相互に配して支える構法です。松江城天守の通し柱のしくみについては、第8章で詳しく述べていきましょう。

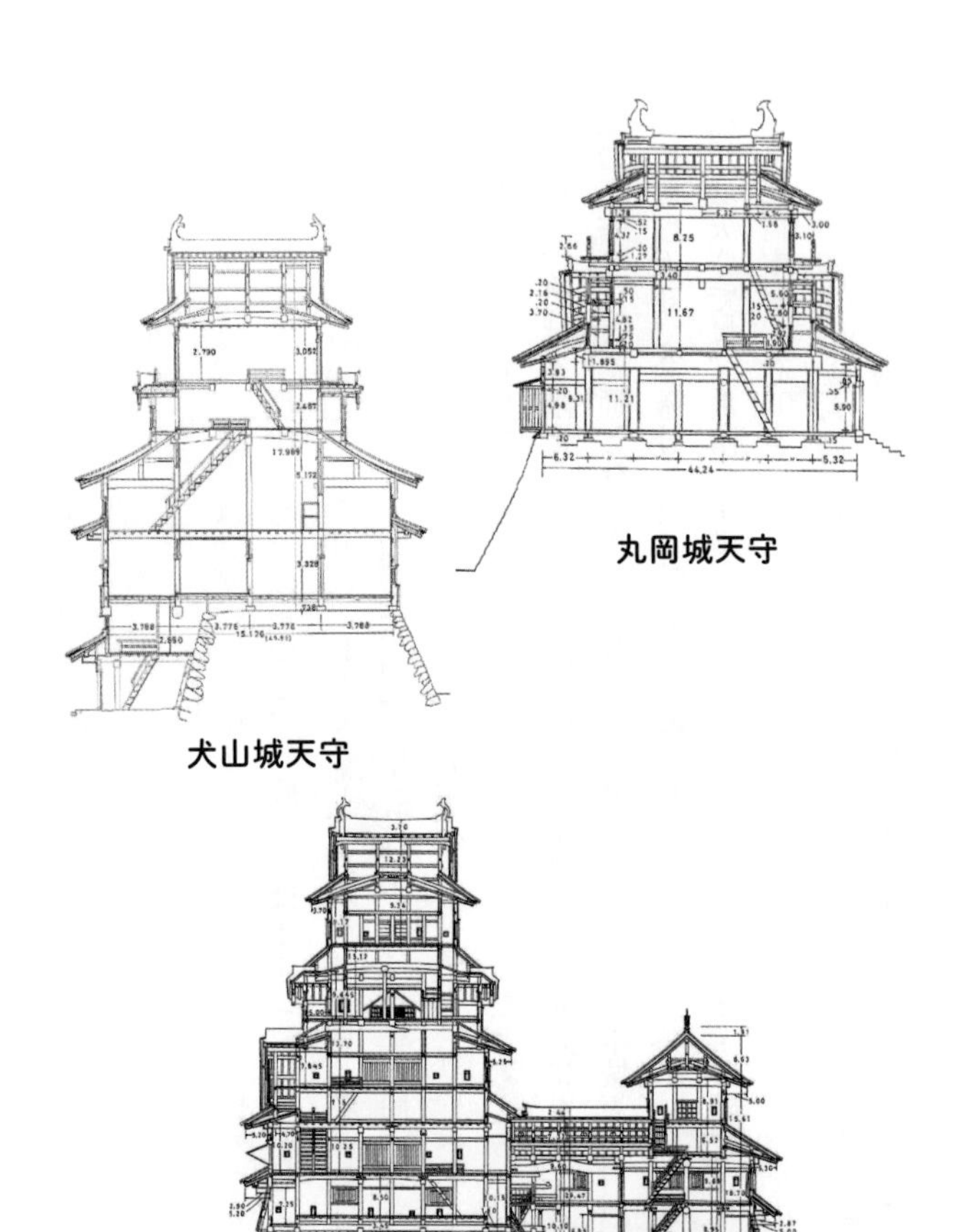

図3-6　丸岡城天守、松本城天守、犬山城天守の桁行断面図

丸岡城天守は2階と3階、松本城天守は1階と2階、3階と4階、5階と6階が通し柱で貫かれている。犬山城は1階と2階。3階と4階というように2階ずつの構造を2段重ねている。3階と4階は4周すべてが通し柱となっている。　『重要文化財丸岡城天守修理工事報告書』『国宝松本城』『国宝犬山城天守修理工事報告書』より転載

名古屋城天守では、同じ大きさ・形状の1階と2階では通し柱が使われていましたが、それより上の階は通し柱はなく、大部分の柱は各階に立つ管柱（くだばしら）でした。巨大な天守の場合は、各階を独立させて太い柱と梁組で固めたほうが、通し柱と梁との接合部に生じる断面欠損を避けられ、望ましかったと考えられます。

通し柱のなかでも格段に太く、身舎の中央部にある柱は「心柱（しんばしら）」と呼ばれます。姫路城天守の心柱はよく知られるところで、図3－7のように、地階から最上階の床下まで、東西2本の心柱が貫きます。最大部の太さは長辺3尺（約90・9センチ）超、長さは6階分の約80尺（約24・24メートル）に及び、全長を一本造りとしています。

姫路城大天守は、地階～2階、3階、4階、5～6階と、4つのブロックに分かれています。それぞれ、井桁と呼ばれる井の字形の桁の上に櫓を組み、積み木のように積み上げた構造です。しかし、積み上げただけでは地震などの横揺れに耐えられないため、地階から6階床下までに東西2本の大柱を通しているのです。4重目の屋根裏部屋となっている5階に立って天井を見上げると、地階から通されている2本の心柱が6階底部で終わっているのがわかります。

層塔型天守で心柱を導入したのは4重4階の大洲城天守です。身舎のほぼ中央に1本の心柱が使われ、1階から4階の小屋梁にまで達します。途中の3階床下で継がれているため、上下それぞれ2階分ずつ貫く通し柱でした。

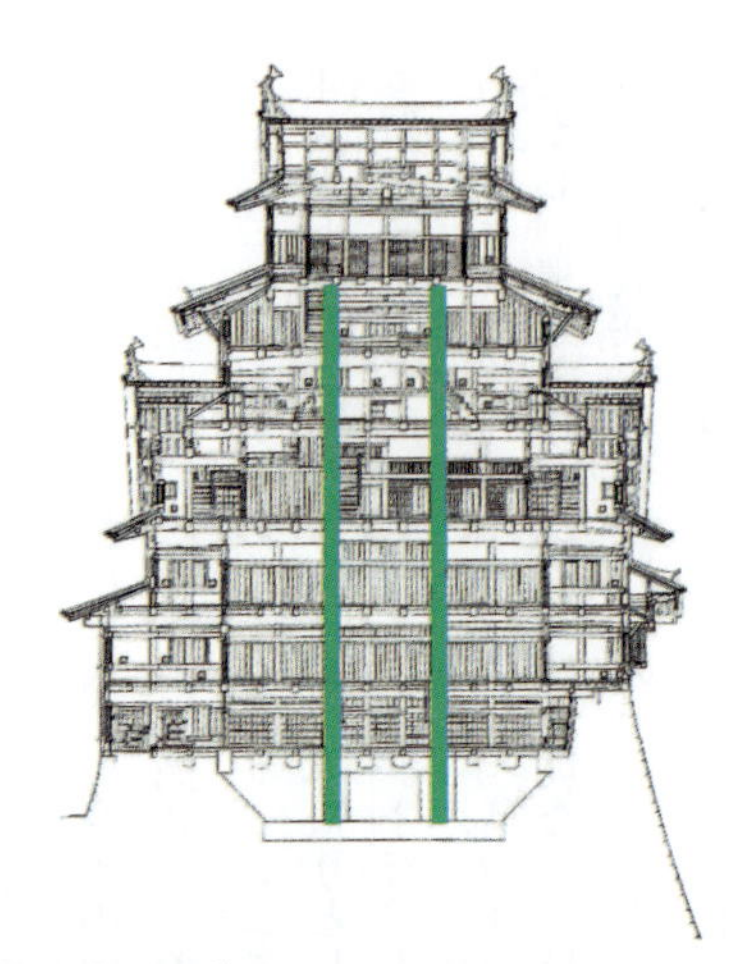

図3-7　**姫路城天守の心柱**

地階から最上階の床下まで、東西２本の心柱が貫いている。

『国宝重要文化財姫路城保存修理工事報告書Ⅲ』より加筆転載

図3-8　**姫路城天守の旧心柱（西の心柱）**

昭和の解体修理工事で取り替えられた。樅と栂の２本継ぎで、長さは24.7メートル。

福山城天守では、身舎柱は2階分ずつを通し柱としており、2階床下と4階床上の2ヵ所で継がれた心柱が通っていました。現存する天守で心柱を用いているのは姫路城天守だけですが、小田原城天守や岡崎城（愛知県岡崎市）天守にも用いられていたようです。全体を固定するこの構法は耐震上はあまり望ましくなく、実例はあまりないようです。

図3-9　**松本城月見櫓の廻縁と高欄**
朱塗りの部分が廻縁と高欄。高欄は隅が反り上がる刎高欄。

廻縁・高欄

天守の外観でインパクトを放つのが、最上階の周囲に設けられた「廻縁」と「高欄」です。バルコニーのようなベランダが廻縁で、そこにつけられた欄干または手すりを高欄といいます。高欄は安全のためのものですが、意匠を高めるためのものでもあります。

高欄にはいくつかの形式がありますが、天守で見かけるのは、隅で直交している「組高欄」や、そのうち隅で反っている「刎（はね）高欄」などです。高知城天守に用いられているのは、隅や端に親柱という太い柱を立て、その頂部に宝珠（擬宝珠（ぎぼし））をつけた「擬宝珠高欄」。これらは鎌倉時代に中国から伝えられた、いわゆる禅宗様式です。

望楼型天守では廻縁・高欄が設けられることが多く、安土城天主をはじめ豊臣大坂城天守、彦根城天守、犬山城天守などに見られます。

現存例では、犬山城天守の廻縁と高欄が見どころのひとつになっています。最上階は元和6年（1620）頃に増築されたものですが、実際に外に出て1周できるのはうれしいところです。廻縁を歩くとどこか不安定に感じるのは、外側に向かって斜めに傾いているから。荷重や老朽化による傾きではなく、雨水がすんなりと屋根に落ちるよう意図的に設計されています。意外にも実際に外に出られる廻縁はあまりなく、飾りとして取り付けられただけのものがほとんどです。

図3-10　高知城天守の廻縁と擬宝珠高欄

彦根城天守、松山城天守、松江城天守、丸岡城天守など、いずれも柵のように取り付けられているだけで外に出ることはできません。

松本城天守では、廻縁を室内に取り込んだ形跡があります。2重・3重・5重の軒の線は同一線上にありますが、各重の幅を見ると五重目だけ異常に大きく、廊下のような通路ができていま

図3-11　犬山城天守の廻縁・高欄

す。どうやら廻縁と高欄をめぐらせる計画をしたものの、工事中に中断したようです。外から天守を眺めたとき、どこか頭でっかちなフォルムなのはそのせいです。風雨にさらされる廻縁は材木の腐食を招き、木造建造物にとっては好ましいものではありませんから、降雪量が多い気候であることを考慮して取りやめたのかもしれません。姫路城天守も同様で、この時期に築かれた望楼型天守には廻縁が設けられない傾向があります。

前期望楼型天守には廻縁がつきもののように考えられていましたが、その典型例とされる丸岡城天守で、創建時には廻縁がなかったことが判明しました（第７章参照）。層塔型天守では建造時期と廻縁の有無はあまり関係がないようで、天守によってさまざまです。

現存する天守で実際に廻縁に出られるのは、犬

図3-12　松本城天守最上階
廻縁を室内に取り込んだようで、廊下のようなスペースができている。

山城天守と高知城天守のみです。高知城天守は享保12年（1727）の享保の大火で焼失し、寛延2年（1749）に再建されました。江戸中期に建てられたものですが、慶長8年（1603）の創建当初の外観を忠実に再現したため、初期望楼型天守の構造に準じたとされています。

第4章 天守の美と工夫

たとえば全国に現存する12の天守も、じっくり見るとだいぶ印象が違うはずです。大きさも違えば、デザインもさまざま。壁面を華やかに演出する屋根の数も、壁面の色も異なります。そして忘れてならないのは、天守の真骨頂が美観と実用を兼ね備える建物であることです。

この章では、天守の美を形成するもの、その裏に隠された強さの秘密に迫ってみましょう。

破風とはなにか

「破風（はふ）」は、切妻造や入母屋造の屋根の妻にある三角形の部分のこと。天守の象徴ともいえる、壁面を飾る三角形を指します。切妻屋根の棟木や軒桁の先端に取り付けられた、合掌型の装飾板（破風板）のこともそう呼びます。

破風の起源は、神明造などの妻側の垂木の一部です。屋根を突き破るように垂木の端が棟より突き出た部分が千木（ちぎ）となり、その下の部分が破風となりました。妻面の木材を隠すために取り付けられるようになりましたから、破風は装飾でもあります。木材がそのまま露出しているのは見映えがよくないため、破風板を取り付けることで意匠性を高めたのです。

屋根を強風や雨水から守るために取り付ける破風板は屋根には必要不可欠で、現代の住宅においても用いられます。軒や軒先には鼻隠しと呼ばれる板や雨どいを取り付けますが、妻には付いていないため、屋根の先端に破風板を取り付けます。その名の通り「風を破る板」であり、耐風

図4-1　姫路城天守

性の向上が目的。意匠を高めるだけでなく、強風から屋根を守る役割もあります。また、火は下から上へと延焼しますから、火のまわりを防ぎ、雨漏りから壁面を保護する意味もありました。

破風の種類

破風は、形状によっていくつかに分類されます。破風板の流れの線が下へ反っているものを「照り破風」、照り破風と反対に上に反っているものを「起り破風」、破風板の流れの線が直線のものを「直破風」、左右破風板の一方が長いものを「流れ破風」といいます。

城には、おもに「入母屋破風」「千鳥破風」「切妻破風」「唐破風」の４種類が用い

図4-2　彦根城天守

られます。建築上、どうしても必要となるのが入母屋破風です。入母屋造の建物の屋根が、入母屋破風だからです。すべての天守の最上重と、望楼型天守の下重にあたる入母屋造の大屋根の隅部に、入母屋破風が見られます。千鳥破風は三角形の山形の破風で、切妻破風は切妻造の屋根の隅部となるもの。唐破風は照りと起りの曲線を組み合わせて丁部を丸く造った破風です。

入母屋破風と千鳥破風は似ていますが、構造上は違いがあります。屋根の隅部は2方向からくる屋根面が接合し、その接合部となる稜線上には隅棟（隅降）が載ります。入母屋破風は屋根の隅部を形成する一部ですから、隅棟は入母屋破風に接し、そこで終わります。これに対し、千鳥破風は隅棟とは離れたところにあり、隅部は上階の壁面にまで達します。破風の上を覆う屋根の斜面がそのまま軒先まで連続するものが入母屋破風であり、途中で別の方向の屋根斜面と交差してしまうのが千鳥破風です。

ですから、入母屋破風と千鳥破風は、屋根との接続のしかたを見れば区別できます。天守本体の隅棟と接合しているものは入母屋破風、そうでないものは千鳥破風です。また、入母屋破風を２つ並べたものは「比翼入母屋破風」、千鳥破風を２つ並べたものは「比翼千鳥破風」といいます。

図4-3　松本城天守

千鳥破風は、屋根の斜面上に載せられたものにすぎません。よって、大きさも数も位置も、自由に設定することができます。デザインに応じて自由に付けられますから、より装飾性の高い破風といえるでしょう。

千鳥破風の起源は神社の本殿で、近畿地方にある、室町時代から桃山時代にかけてつくられた本殿でよく見られます。天守を華やかに見せる必需品ともいえますが、丹波亀山城天守や小倉城天守などの初期の層塔型天守ではまったく設けられていません。明治5年（1872）に撮影された丹波亀山城天守の古写真を見ると、最上階を除き破風を一切持たない、まるでビルのような外観をしています。構造を簡略化した末に装飾も取り払ってしまったようですが、どうやらそうした殺風景な天守はあまり好まれなかったとみられ、その後は層塔型天守でも多くの千鳥破風で飾り立てられるようになりました。

唐破風は社寺建築に使われる、もっとも装飾性の高い破風です。起源は鎌倉時代後期に遡り、時代が下るにつれて中央部分が高く起きるようになります。また、近世以降、とくに江戸時代には破風板の要所要所に飾金具などを打ちつけたり、全体を飾金具で包み込んだりするのが盛んになったようです。

唐破風には、軒先の上部を一部分だけ盛り上げるように丸く折り上げた「軒唐破風」と、屋根全体を曲線形に折り上げた「向唐破風」の2種類があります。姫路城天守や彦根城天守、高知城天守にあるものが軒唐破風、松本城天守や犬山城天守に見られるものが向唐破風です。

破風の大きさと数

法隆寺の工匠で中井大和守支配下の幕府棟梁を勤めた平政隆によって天和3年（1683）に書かれた『愚子見記』という大工技術書があります。寛文9年（1669）からの建築に関する事柄を書き記した、最古の建築書です。これには、「天守は恰好が大事で、破風は通常より大きくつくるべし」「破風板の反りは上重にいくにつれて反らすべし」「破風の位置は思い切って外へ持ち出すのがよい」と記されています。そのほうが、下から見上げたときに破風が大きく見えて恰好がいい、というのです。実際にこの概念に従っていたかどうかはわかりませんが、少なからず江戸時代初期にこのような考え方があったことは興味深いところです。

屋根の形式が複雑で意匠にも凝っているのが、彦根城天守です。３階は入母屋造で、南・北面に軒唐破風があります。２重目の屋根は東・西面に唐破風、南・北面に千鳥破風をつけて上階の屋根とのバランスをとり、１重目の屋根には南北に千鳥破風２ヵ所、東西中央に大きな入母屋破風、その両脇に切妻破風を配しています。姫路城天守と比べると天守そのものは小ぶりですが、面積に対して破風の数が多いのが特徴。その数は、現存する天守で最多の18です。ところ狭しと壁面を飾る破風によって華やかな印象となっています。

姫路城天守は、２重目の屋根の東・西面に設けられた大きな千鳥破風が際立ちます。大きな天守ですから、破風も大きくダイナミックな印象です。壁の面積も広いため、３重目の屋根には南・北面に比翼入母屋破風が飾られます。

図4-4　姫路城天守西面の三花蕪懸魚
大千鳥破風に飾られた懸魚。城内にはさまざまな懸魚や兎毛通が見られる。

懸魚

破風は、破風板と妻壁とで構成されます。

破風板は屋根の先端部分に取り付けられた板のことで、破風と妻壁より突き出した部分は「螻羽（けらば）」と呼ばれます。破風板の三角形の山型の部分を見上げると、彫刻が施された板が飾られています。これが「懸魚（げぎょ）」と呼ばれるもので、左右の破風板が上部で接合する部分（拝み）につけられた飾りです。

懸魚は天守が誕生する前から社寺建築に用いられ、もともとは棟木などの端を隠すためのものでした。螻羽（けらば）の装飾は社寺建築芸術のひとつともいえ、突出した棟木や母屋桁の先端に破風板を取り付けて、化粧垂木、虹梁（こうりょう）、組物、蟇股（かえるまた）などで飾りました。

天守にも懸魚が取り入れられましたが、防火的観点からすると、螻羽の突出が大きければ大きいほど類焼を招きやすくなってしまうのが大きな欠点でした。そのため、築造年代が古い天守の螻羽はかなりの突出がみられますが、新しいものは破風板と妻面が密着していくようです。

たとえば天正4年（1576）に築かれた丸岡城天守は螻羽が突き出し、妻壁と破風板が離れて空間ができています。慶長13年（1608）に築かれた姫路城天守や慶長11年（1606）頃に築かれた彦根城天守も、わずかながら空間があります。

しかし慶長17年（1612）に築かれた名古屋城天守をみると、妻壁と破風板がぴったりと密着しています。寛文6年（1666）に築かれた宇和島城天守、寛延2年（1749）に築かれた高知城天守、嘉永5年（1852）に築かれた松山城天守も同じように、螻羽がありません。妻壁と破風板のつくりは時代により変化したとみてよさそうです。

懸魚は奈良時代にはすでに用いられ、鎌倉時代には猪の目（いめ）、三つ花、梅鉢、兎毛通（うのけどおし）などおもなものは出揃っていたようです。江戸時代末期になると、「雲に鶴」「浪に兎」「牡丹に蝶」などの彫刻に変わったとみられます。

天守に用いられている懸魚は、六角形の下部2辺を曲線状にした「梅鉢懸魚」、猪の目と呼ばれるハート形のような穴をくり抜いた「猪の目（いのめ）懸魚」、猪の目を開けずに下方に対称的に円弧を配した「蕪（かぶら）懸魚」、蕪を3つ付けた「三花蕪（みつばな）懸魚」などです。小さな破風には梅鉢懸魚、大きな

図4-5　松山城天守の妻飾（木連格子）

破風には三花蕪懸魚というふうに、破風の大きさによって用いる懸魚が決まるようです。ですから、姫路城天守などの巨大な天守には三花蕪懸魚を見ることができます。唐破風につけられる懸魚は「兎毛通」といいます。

妻飾

入母屋造または切妻造の屋根の妻側にあたる壁面の装飾を「妻飾(つまかざり)」といい、大棟の鬼瓦（鬼板）、獅子口、破風、懸魚などが飾られます。「二重虹梁」「蟇股」「豕扠首(いのこさす)」の形式は架構をそのまま表わしたもので、平安時代以降に天井が出現すると次第に装飾的となり、住宅や城では「木連(きつれ)格子（狐格子）」、神社では豕扠首、禅宗建築では虹梁大瓶束(たいへいづか)が用いられました。

妻壁の壁面処理も、破風の変化にともなって変わったようです。広島城天守などの古い天守では社寺建築の流れを汲んでいたようで、虹梁や豕扠首を白木のまま見せています。姫路城天守や岡山城天守では、虹梁や豕扠首を表した塗籠(ぬりごめ)としています。

　しかし螻羽の出が減ったことで虹梁や豕扠首を見せる意匠が合わなくなり、その代わりに書院造の殿舎に用いられた木連格子や「銅板張」が登場したとみられます。木連格子は縦横の格子の裏に板を張ったもので、竪子(たてご)のほうが前に出ており、竪子が屋根面まで通って、屋根との境に前包と呼ばれる水平材がつきます。水平材がなく竪子の下端が直接屋根に達しているのが古式です。木連格子は松本城天守や犬山城天守、高知城天守などで見られます。

図4-6　松本城天守の妻飾（塗籠）

図4-7　弘前城天守の妻飾（銅板張）

　螻羽がなくなると、松山城天守のように妻壁の一面を塗籠にする手法が生まれます。宇和島城天守や丸亀城天守も、同じく塗籠です。意匠としてはシンプルでどこかさみしい印象も拭えませんが、単純・合理化を考慮すれば発展した壁面といえそうです。

銅板張は銅板をかぶせたもので、弘前城天守や名古屋城天守に用いられました。弘前城天守と和歌山城天守の銅板張の妻飾には、よく見ると青海波という波模様が打ち出してあります。徳川将軍家の本城である江戸城内の天守や櫓などで用いられたものでした。

図4-8　姫路城天守の兎毛通と蟇股

蟇股

上部の荷重を支えるため、梁や桁の上に置かれる山形の建築部材を「蟇股」といいます。蛙が股を広げたように、下方に開いた形状からそう呼ばれます。大きく厚い板に曲線を施しただけのものが「板蟇股」で、板の内部をくりぬいて透かせたものが「本蟇股」です。蟇股は奈良時代からあったようですが、かえるが両足を広げたように見えるのは本蟇股で、出現は平安時代後期とされていますから、発展を遂げるうちにその名がついたと思われます。

本蟇股のうち、一枚板からくり抜いたものを「くりぬき蟇股」、2枚を組み合わせたものを

「透かし蟇股」といいます。鎌倉時代に入ると透かしが発達し、彫刻も図案的になってきます。室町時代になるとさらに進化し、彫刻は唐草や雲など絵画的になります。その後もより装飾化し、江戸時代ともなると彫刻ばかりでできたものなどに変化していきました。

格子窓

社寺建築の窓と天守の窓は、一線を画します。社寺建築の窓は装飾として存在しますが、天守では実用性のある特殊な構造となっています。採光だけでなく、物見や攻撃の目的があるからです。天守内部にはたくさんの広い部屋が並ぶため、外から射す光が十分に届かず薄暗いのが特徴ですが、壁面をみれば多くの窓が設けられています。

社寺建築に古くから使われた「連子窓（れんじまど）」は、断面が方形の細長い材を竪に適当な間隔で並べたものです。横に並べたものを「横連子」といいます。ほとんど隙間なく並べたものが多く、細い隙間からわずかに光がこぼれます。建具はなく、開閉はできません。

連子窓の竪格子を数倍も太くして、間隔を空けたものが「格子窓」です。天守で見られるのは、連子窓ではなくこの格子窓。表面を漆喰で塗り固め、戸をつけて開閉可能にしています。

城における窓の格子は、正方形が並ぶのではなく、斜めに45度ほどずらした菱形のものを配置するケースが多くみられます。これは、天守内からの攻撃を意識してのこと。正方形を並べた場合は射撃面が45度くらいに制限されますが、菱形にすれば90度くらいになるからです。姫路城天守の格子は八角形と少し手が込んでいます。

竪格子の数は、窓の幅が1間の場合は5～7本、半間の場合は2～3本です。格子は外面に漆喰を塗り籠めて防火性を高めたものと、木部をそのまま見せるものとがあります。なかには銅板や鉄板で格子を包み強化した例もあります。

図4-9　松本城天守の竪格子窓

格子窓は窓枠を省略した経済的な窓でもあり、一端を柱に接して開くことで、柱側の窓枠を節約できる利点もあります。幅は、ほとんどが1間と半間。よって、1間の場合は両側に柱が建ち、柱と柱の間に窓が設置されます。1本の柱を挟んで半間の窓を並べるケースも多くあります。半間窓の場合は窓の片側を側柱にくっつけますから、柱間に対して右寄りか左寄りの窓となります。

巨大な格子窓といえば、松本城天守2階の東・西・南面の3方にある竪格子窓が代表例です。とくに南面の幅は5間（約9・85メートル）の長さがあり、格子も太いものとなっています。側柱は構造上省略できませんから、幅が1間を超える場合は複数の1間窓を連続して並べることになります。松本城の竪格子窓も、1間窓が5つ並び、1間ごとに側柱が入っているのがわかります。

華頭窓

実用的な窓ではなく、格式と装飾のための窓が「華頭窓（花頭窓・火灯窓・瓦灯窓とも書く）」です。社寺建築では禅宗仏殿に使われた唐様の窓で、装飾性が高く、天守では最高級の窓として使われました。上枠を火炎形または花形にした釣鐘のような形で、足利義満の金閣寺や足利義政の銀閣寺のような楼閣建築の最上階の窓にも用いられました。

図4-10　松本城乾小天守の華頭窓

格子窓と異なり、華頭窓には窓枠がありま す。また、引戸を設けるのが一般的です。寺院建築にならって、１間の柱間の中央に半間ほどの大きさの窓を１つ配しますが、松江城天守や彦根城天守のように、柱を挟んで左右に半間ずつ設ける例もあります。窓枠を木枠にして見せ、黒漆を塗り金木を打って飾ったものも多くありました。

戸と排水のしくみ

天守は社寺建築と異なり、軒の出っぱりが短く、また弓や鉄砲を放てるよう格子と格子の間隔を広く設定しますから、どうしても風雨が室内に侵入してしまいます。そのため、戸は必需品です。戸には木の板をそのまま見せる「板戸（いたど）」と、外面に漆喰を塗る「土戸（つちど）」に大別できます。

板戸は原始的なもので、格子の外に吊り、撥ね上げて開ける「突上戸（つきあげど）」とします。薄くて軽い板で、撥ね上げた戸は木の棒でつっかえ棒をして固定し、閉めるときはつっかえ棒を外します。松本城天守や彦根城天守、松江城天守、犬山城天守、丸岡城天守など多くの天守で見られます。

図4-11　松本城天守の突き上げ戸

土戸は漆喰を塗り籠めた戸のことで、板戸にはない防火・防弾の性能を発揮します。突き上げるには戸の重量がありすぎるため、格子の内側に引戸として設置するのが一般的です。ただし、徳川幕府系の城では格子を隠すべく、格子の外側へ土戸を設置しています。高知城天守や犬山城天守などでは手前に戸を引いて開ける開戸が採用されましたが、開いた戸が邪魔になるため、あまり普及しなかったようです。

引戸を設置すると、戸をたてる敷居に雨水が溜まるという問題が生じます。そこで、敷居には排水管が取り付けられました。社寺建築にはない、日本建築ではじめてのものです。敷居の溝底に直径1・5センチほどの穴を開け、その穴に銅や鉛でできた管を差し込みます。管を通して水を外壁の外に排出するしくみでした。

図4-12　姫路城の排水管
管を通して、雨水を外壁の外に排出する。

外壁の内部

天守の外壁は、当然ながら防火・防弾にすぐれていま す。基本的には土壁で、土蔵の外壁を頑丈にしたような構造をしています。厚さは1尺（約30・3センチ）以上、薄いものでも6～7寸（約18・2～約21・2センチ）ほど。

姫路城天守の壁は、1尺5寸（約45・5センチ）にも及びます。当時の火縄銃の弾丸は6匁（約22・5グラム）ですから、貫通することはありません。

土壁は、竹を縦横に組んだ格子状の「小舞」で骨組みをつくり、その上に「壁土」を何度も塗ってつくります。粘土分の多い荒壁土を厚く塗り、その上に中塗りとして砂を多く混ぜた壁土を塗って頑丈な下地をつくります。荒壁は強度が高いものの、乾燥により伸縮して亀裂が生じるため、砂を混ぜてそれを防ぐ目的があります。最後に、漆喰を塗って仕上げます。

大砲（大筒）が使われるようになると、「太鼓壁」が普及しました。2枚の土壁を並べてつくり、その隙間に瓦礫や小石、瓦などを詰め込んだ、より頑丈な壁です。厚さ1尺ほど詰め込まれていれば、大砲にも耐えうる防弾性がありました。

大砲というと、慶長19年（1614）の大坂冬の陣の逸話がよく語られます。家康が浴びせた砲弾が大坂城本丸御殿に命中したことで、淀殿は恐れをなして講和に応じたといわれます。また関ヶ原合戦の前哨戦である大津城攻めでも、城に打ち込まれた砲弾が天守に当たったといわれます。しかし命中度はさほど高いものではなく、大砲弾も重さ約3・75キロほど。直撃しても、天守の柱を1本折る程度の破壊力しかなかったようです。

下見板張りと塗籠

天守内部にあたる壁面の内側を見ると、柱は残されたまま壁面が漆喰で塗り籠められていま す。これを「真壁造（しんかべ）」といいます。これに対して、天守壁面の外側は、柱を見せない「大壁造」が一般的です。天守最上階の外壁は例外的に真壁造とするケースがあり、犬山城天守や丸岡城天守を見ると柱や長押を白木のまま露出させています。姫路城天守の最上階は、柱や長押の表面を漆喰の塗籠とし、それらを壁面に造り出した真壁造になっています。

壁面の外面の仕上げは、土壁の上に板を張る「下見板張り」と全面に白い漆喰を塗る「塗籠」に大別されます。犬山城天守や松本城天守などの、壁面の黒い板張が下見板張りです。下見板の黒色は、松煙（しょうえん）や柿渋を混ぜた墨。岡山城の下見板には、現在はセラミック変性フッ素樹脂塗料が使用されています。

信長の安土城には下見板の表面に黒漆が塗られていたと推察され、秀吉が築いた豊臣大坂城天守も黒漆塗りの下見板張りだったと考えられています。秀吉政権下で築かれた天守には黒漆が用いられたようで、毛利輝元が築いた広島

図4-13　犬山城天守の最上階
柱や長押をそのまま見せる真壁造。

城天守、宇喜多秀家が築いた岡山城天守も、創建時には黒漆塗りだったとみられています。

黒漆は高価な上、維持費用もかかります。そのため一時的に用いられるにとどまったようです。現在でも黒漆で仕上げられている唯一の天守が、松本城天守です。漆の成分や漆塗りについては、第6章で詳しくお話ししましょう。

姫路城天守や彦根城天守、宇和島城天守などの白い壁面は、漆喰の塗籠です。漆喰といえば、姫路城天守の全面塗り直しが平成27年（2015）に終了したばかり。漆喰の成分や漆喰塗

図4-14　姫路城天守の最上階
柱や長押を漆喰で塗り籠めて、真壁造としている。

りについては、第5章で詳しくお話ししていきます。

豊臣の城は黒で徳川の城は白、とよく言われますが、決して壁面の色で派閥を示しているのではありません。単純に、壁面を下見板張りにするか漆喰塗籠にするかの違いです。ただ、秀吉政権の城は黒漆を塗った下見板張りの天守があり、徳川幕府系の城は白漆喰で塗り籠めることが多いため、ある程度は系統づけられるといえるでしょう。秀吉が築いた聚楽第の天守は『聚楽第図屏風』を見ると塗籠ですし、『肥前名護屋城図屏風』に描かれた肥前名護屋城天守も白い塗籠ですから、下見板張りが旧式で塗籠が新式というわけでもないようです。

実用性を比較すると、下見板張りと漆喰塗籠では耐久性に違いがあります。防火性は下見板張りも漆喰塗籠もさほど変わりません。下見板は類焼を招きそうに思えますが、土塀が十分な防火性能を発揮するため、板が燃えるだけで、天守本体に延焼する可能性は低いのです。ただし耐水性となると、下見板張りのほうが漆喰塗籠より高くなります。漆喰は雨に弱く、水分が浸透して下地の粘着力を低下させてしまうからです。早ければ数年で、表面の漆喰層が剝がれ落ちてしまうこともあります。

図4-15　下見板張りの岡山城天守
かつての下見板には黒漆が塗られていたと考えられる。

彦根城天守や犬山城天守をはじめ、天和３年（１６８３）に築かれた備中松山城天守や、嘉永5年に築かれた松山城天守は、下見板と塗籠を併用しています。それぞれのよいところを取り入れたのでしょう。雨水が溜まりやすい壁面の下部だけ下見板張りになっていますから、耐水性を高めるためと考えられます。下見板張りの黒と漆喰の白とのコントラストが天守にメリハリをつけ意匠性を高めているようにも思えますが、下部が漆喰塗籠で上部が下見板というケースは見当たりません。

図4-16　備中松山城天守の壁面
下部が下見板張り、上部は漆喰で塗籠めている。

図4-17　金沢城の海鼠壁

下見板張りよりも耐久性のある仕上げが、「海鼠（なまこ）壁」です。土蔵などの外壁に使われるもので、平らな瓦を釘で土壁に打ちつけ、瓦と瓦のつなぎ目に漆喰をかまぼこ形に盛り上げるように塗って仕上げます。屋根のように漆喰で瓦を覆うため耐水性がかなり高く、燃えることもありません。

海鼠壁は耐久性の高さから寒冷地域である北陸の城で多く見られ、新発田城や金沢城などで見ることができます。金沢城には、竪小舞から仕上げの漆喰塗りまでの工程がわかる模型が展示してあります。江戸時代初期の記録によれば、藩によって壁塗手間料なる技能の程度による3段階の手間料が公定されていたようで、左官の手間料は大工、木挽、屋根葺などより高く、左官工事の技能者の待遇と必要性がうかがえます。

福山城天守は、世にも珍しい鉄板張りでした。昭和10年（１９３５）に撮影された写真を見ると、北側の壁面が最上階を除いて真っ黒なのです。北側の防御に不備があったため、また風雨を防ぐために、最上階を除くすべての壁に鉄板が鎧のように貼られていました。砲撃を防ぐべく編み出された、まさに鉄壁といえる風変わりな天守だったようです。

狭間

天守をはじめ櫓や城門などは、外観の美しさとともに、秀逸な防御の工夫を併せ持ちます。必ずと言ってよいほど設置され、目にする防御装置が「狭間（さま）」です。天守や櫓などの建物や塀に開けられた攻撃用の小窓のことで、この穴から鉄砲を撃ったり弓矢を放ったりします。形状は正方形、長方形、三角形、円形の4種類、用途は鉄砲を撃つ「鉄砲狭間」と弓矢を射る「矢狭間（弓狭間）」の2種類に大別されます。

矢狭間は弓矢が引けるよう、横幅に対して縦幅が2～3倍ある縦長の長方形です。『愚子見記』では横幅を4寸（約12・1センチ）、縦を1尺2寸（約36・4センチ）としています。城によってまちまちですが、横幅4～5寸（約12・1～約15・2センチ）、縦1尺2寸～1尺8寸

図4-18　**狭間**

上から時計回りに、松本城天守北面、丸亀城天守北面、松江城天守東面、同南面、同東面。松江城天守南面には、附櫓に向けて狭間が切られている。

（約36・4〜約54・5センチ）ほどです。弓は立って引くため床面からは少し離れた高い位置に設けられるのが一般的で、床面から70〜85センチくらいのところに切られます。

鉄砲狭間には正方形、三角形、円形があり、それぞれ箱狭間、鎬（しのぎ）狭間、丸狭間ともいいます。いずれの形状でも直径は4〜6寸（約12・1〜約18・2センチ）で、床面から狭間の中心までの高さは35〜55センチくらいです。鉄砲は弓矢とは異なり片膝をついて構えるため、矢狭間よりも低い位置に設置されます。

狭間は各柱間に1ヵ所ずつ、1間にひとつずつ切られます。彦根城天守の壁面には半間にひとつずつ切られ、厳重な防備体制が感じられます。太平の世になると狭間の数は減り、寛文6年（1666）に建造された宇和島城天守にいたっては、ひとつも狭間がありません。

矢狭間と鉄砲狭間は交互に並べられることが多く、壁面を見ると長方形（矢狭間）と正方形（鉄砲狭間）が規則的に配列されています。鉄砲の装填には時間がかかるため、準備にかかる時間の防備を弓矢が補うためでしょう。ただし、堀に面した土塀などに設けられた狭間は、堀幅が広い場合は弓矢では射程距離を超えてしまうため、鉄砲狭間だけが配されます。天守内は窓や破風の配置に影響されるため、土塀などに比べるとさほど規則的ではありません。

数は矢狭間に対して鉄砲狭間のほうが多く、その割合は矢狭間1に対して鉄砲狭間2〜5です。この割合は、調べてみると各大名の弓足軽と鉄砲足軽の比率となっています。鉄砲の比率が大きくなる大大名の城のほうが、鉄砲狭間の割合が高くなります。

天守内の狭間は明治以降に変形や撤去・付加などの改変をしているケースも多くあります。ですから正確な数を算出するには注意が必要ですが、土塀なども合わせると城内の総数は膨大で、大城郭であれば4000超、中規模な城であれば2000超に及びました。松本城は、天守だけで115の狭間があり、城内には約2000の狭間があるそうです。

狭間の構造と隠し狭間

狭間は、厚さ1尺（約30・3センチ）の壁に穴を開けてつくります。四角形や正方形のものは板枠を、円形のものは竹や木でつくった筒状の枠を壁に埋め込みます。江戸城天守や名古屋城天守などでは、壁に組み込まれた厚板をくり抜いてつくられたようです。土塀では、木枠を使わずに漆喰で塗り固めたものも見かけます。

狭間の形状は、正方形であれば四角錐、三角形であれば三角錐のように、城内側が広く城外側が狭くなっているのが特徴です。城内側に広げることで鉄砲や弓矢を傾ける角度が広がって敵に照準を合わせやすくなり、同時に城外側からの攻撃を防げるからです。傾斜は緻密に計算され、敵の侵入路に向けて角度をつけてあります。ですから、高い位置に設置された狭間はかなりの急傾斜となります。

松本城天守では、矢狭間は内部が8～9寸×1尺6寸～1尺7寸（約24・2～約27・3センチ×約48・5～約51・5センチ）、外部が5寸×1尺2寸（約15・2センチ×約36・4センチ）、厚さ7寸～1尺（約21・2～約30・3センチ）、鉄砲狭間は、内部が8寸×8寸8分～9寸5分（約24・2センチ×約26・7～約28・8センチ）、外部が5寸×5寸（約15・2×約15・2センチ）、厚さ7寸～1尺（約21・2×約30・3センチ）、8分板（厚み約2・4センチの板）を用いています。

天守や櫓の狭間には蓋（戸）が取り付けられることがあります。薄い木の板が、内開きに左右に開くように蝶番（ちょうつがい）で取り付けられています。松本城天守の狭間には蓋が取り付けられた痕跡はありませんが、松江城天守をはじめ多くの天守で、蝶番で小さな蓋が取り付けられているのを確認できます。たとえば姫路城天守のように、壁が塗り籠められていても、狭間の蓋は白木のままであることが多いようです。

図4-19　彦根城天守の隠し狭間
漆喰で塗り固められ、外からは見えない。いざというときだけ叩きは壁を叩き割って使う。

狭間を壁土などで塗り塞いで外側から見えなくしてしまうのが、彦根城天守に代表される「隠し狭間」です。外側からは狭間の存在に気づけず、接近した敵としてはどこから攻撃されるか予測がつきませんから、防御装置としては望ましいといえます。外から見たときの見栄えも、格段によくなります。彦根城天守を外から眺めれば、それは一目瞭然。半間ごとに狭間が切られていますから天守内側の壁面は狭間だらけですが、外から見るとひとつも見当たらず、一面が美しい漆喰の白壁面となっています。狭間には板がはめられ、いざというときは叩き割って使います。

江戸城天守や徳川大坂城、名古屋城天守など徳川幕府系の城では隠し狭間が採用されており、しかも外観の品位をかなり意識していたとみられます。厚さ4寸（約12・1センチ）の欅板を土壁に落とし込み、板に三角形の鉄砲狭間を切り、狭間の口を壁土で塞いで内側は檜板を化粧張りにした三角形の蓋が取りつけられた最高級品だったようです。

徳川大坂城、江戸城、岡山城の土塀に残る特殊な狭間が「石狭間」です。土塀や櫓の壁において、塗籠の部分との境に切石でつくった狭間を設置します。開口が小さく、外側からはほとんどその存在に気づけません。

石落としと隠し石落とし

天守の隅を見ると、床面が外側に張り出し、床底には石垣を見下ろせる長方形の窓や穴が取り付けられています。この、細長い穴を「石落とし」といいます。敵が石垣にへばりついてしまう

図4-20　**石落とし**
松本城天守（上）、姫路城天守（下）の石落とし。普段は蓋が閉められている。

と狭間からの射撃の死角に入ってしまうため、このような張り出しをつくって死角を補うのです。石垣をよじ登ってくる敵に対して頭上から攻撃をする、いわば床面に設けられた狭間です。

石を落として敵を攻撃することから石落しと呼ばれますが、設置される間隔や開口部の幅から逆算すると殺傷力のない小さな石しか落とせませんから、おそらくは鉄砲狭間でしょう。狭い幅でも鉄砲を傾けられ、斜めに射撃をすれば左右10メートル以上をカバーできます。熱湯や糞尿を浴びせた、という俗説も。石落としの側面には鉄砲狭間があり、至近距離に迫った敵を側面から射撃できるようにもしてあります。

横幅は1間が一般的で、柱間を全長として

設置されるものがほとんどです。出っ張った開口部の幅（縦幅）は1尺（約30・3センチ）ほどになります。敵が登りやすい石垣の出隅（でずみ）（端）に設置されることがほとんどで、直線部では5間（約9・85メートル）以上の間隔で、等間隔に設けられる傾向があります。

形状はいくつかあり、外壁の裾の部分を斜めに張り出させた「袴腰型」、雨戸の戸袋のように四角形に張り出させた「戸袋型」、出窓の下に設けられた「出窓型」があります。床面の開口部には木製の蓋を蝶番で取り付け、いざというときは蓋を外して使います。外壁部は板張または塗籠の土壁でつくられ、隅部に細い柱が用いられて、櫓や土塀の側柱や土台から突き出した貫や腕木で支えられます。

図4-21　熊本城天守1階の張り出し

松本城天守1階には、各隅部と中間に石落としが設けられています。材は檜で、側通りの土台隅は相欠き組の鼻（突き出た部分）を延ばして石落としの土台を架け渡し、中間土台は側通りの土台に大ほぞ差しとし、ほぞ穴は外を高く撥ね上げにする手法が採られています。蓋は2寸（約6・1センチ）角を四方に組み、厚さ8分（約2・4センチ）の板を上から打ちつけています。

松江城天守に設置されているのが、「隠し石落とし」です。1階壁面に設置される石落としを2階の床面に設けたもので、初重の軒に隠れて発見されにくい利点があります。実際に訪れてみても、言われなければ気づけません。熊本城天守や萩城天守などのように、1階の平面を天守台から大きく張り出させたものは、張り出し部分が石落としとなるため防御力が上がります。

図4-22　**姫路城天守の破風の間**
破風の内側を射撃や監視のスペースとする。

破風の間

屋根や壁面を華やかに彩る破風は天守の美観に欠かせないものですが、内部は屋根裏部屋のようになっており、陣地としての側面も持ち合わせます。採光や装飾のための千鳥破風は出窓のように壁面から突出しますから、その内側にできる空間を「破風の間」という攻撃の陣地とするのです。万が一、敵が天守に迫った場合には最前線基地になる、美観と実用を兼ね備えた城の真骨頂ともいえる工夫です。

破風の間の広さは破風の大きさにより異なりますが、千鳥破風は4畳ほど、入母屋破風は10畳超に及びます。

図4-23　**松山城南隅櫓の破風に設けられた狭間**
よく見ると、破風の妻面に狭間が２つ切られているのがわかる。

天井は低くまさに隠し部屋といった空間ですが、たいていの場合は狭間が切られ、しっかりと攻撃の備えがあります。ひとつ下の屋根の軒先近くまで突き出すため屋根面による死角が少なく、その点でとくに逓減率が大きく屋根面が広い部位においては有効です。そのため、望楼型天守の入母屋屋根の上には千鳥破風が設けられる傾向があるようです。

松山城天守群を構成する南隅櫓では、小さな千鳥破風にも、破風の間とするほどの広さはないものの、抜かりなく狭間が切られています。外から確認すると、破風の妻面に穴が開いているのがわかります。

彦根城天守最上階の南北面には、隠し部屋と呼ばれる小部屋があります。入母屋破風の内部の空間を利用した破風の間ですが、姫路城天守や松本城天守などにある破風の間とは異なり、小さな引き戸を設置して完全にその存在が隠されています。天守最上階を訪れても壁面に引き戸が設置されているだけのように見え、まさか伏兵が潜んでいるとはわからないでしょう。城外へと向けた狭間も切られた、戦闘用の小部屋です。

当然ながら太平の世になると、破風の間はつくられなくなります。宇和島城天守がその例で、破風はただの飾りにすぎず、天守内部は一面が壁になっています。

図4-24　彦根城天守の隠し部屋
入母屋破風の内側に設けられた破風の間を、引き戸をつけた部屋としている。

出窓と物見窓、忍び返し

破風の間と同じように、装飾と実用性を合わせ持つのが、「出窓」です。床面を石落としにしたり、横矢を掛かりを可能にするなど防備上の装置にもなりますが、外観上は外壁から突き出して天守の構成美の要素となる重要なものとなります。

岡山城天守や名古屋城天守をはじめ、発展系としては2階分が出窓になった小田原城天守も例として挙げられます。松江城天守が5重に見えて4重天守なのは、3重目に見える部分が実際には2重目の屋根に載った出窓であるからです。備中松山城天守南西面の出窓は、出格子が発展したと考えられるもの。そのほか、弘前城天守など、小ぶりな天守によく見られます。

高知城の土塀に現存する「物見窓」は、狭間からは把握しきれない敵兵の動向を監視し正確に把握するための窓です。高知城本丸の土塀壁面に開かれ、1間幅で横連子（よこれんじ）の格子窓となっています。金沢城石川門には唐破風造の出窓が残ります。同じく高知城に現存するのが、石垣をよじ登ってくる敵に対し、壁面の下部に槍の穂先を突き出すように取り付けた「忍び返し」です。

図4-25 出窓
姫路城天守（上）と、丸岡城天守（下）

籠城の備え

戦いを想定した天守には、さまざまな籠城の備えも隠されています。姫路城天守の地階にある、食事をつくるための流し台もそのひとつ。同じく地階の北東と南東隅の階段下に設置された計6個の雪隠（せっちん）（厠（かわや））も、籠城の備えです。便槽には大型のかめが用いられていました。いずれも使われた痕跡がないことから、日常的な使用を目的としたものではないと考えられます。

姫路城天守には、地階をはじめ各階に「高窓（煙出し）」という小さな引き戸の窓がいくつも見られます。鉄砲を放つと煙が充満するため、その煙を排出するためのものです。つまり、姫路城天守には鉄砲を撃つ想定があったことを意味します。天守1階から二の渡櫓へ続く扉をはじめ、渡櫓を接続する扉も頑丈で、防火用の土扉と総鉄板張りの扉との二重構造になっています。

３階の南北と４階の四方に設置された「石打棚」は、両袖に階段をともなう攻撃用の装置です。姫路城天守は外観の美しさを重視したことで建築上の不都合が生じており、４階は窓の位置が手が届かないほど高いところになっています。床面と窓の位置にかなりの高低差があるため、石打棚を設置して届くようにし、攻撃のための空間としているのです。石打棚の下は「内室（うちむろ）」とよばれる収納庫として有効活用され、籠城時に必要な食料や武具などを保管していたようです。いざというときは取り出してすぐに使えるよう、縄や弾などを置いていた

図4-26　姫路城天守の石打棚と内室（上）と、姫路城天守の武者隠し（下）

のかもしれません。

3階と4階の南面中央と北面の入側全体は中段として武者走りが設置され、四隅には「武者隠し」といわれる小部屋がつくられていました。内部は、甲冑（かっちゅう）を着て刀を差した大人が入ればひとりが限界の広さ。2階構造で、身動きはほとんどとれません。驚くのは、狭間が城外側だけでなく城内側にも向けられていることです。天守内まで敵が攻め入るということはすでに勝敗はついていますが、敗北してもなお伏兵はこの場所に潜み、近づいてきた敵をひとりでも多く撃とうという算段なのでしょう。

第5章
姫路城の漆喰
～よみがえった純白の輝き～

図5-1　漆喰の白壁が美しい、姫路城天守群
平成の大修理で、壁面の漆喰がすべて塗り直され、屋根瓦が葺き替えられた。

慶長６年（１６０１）に池田輝政によって築城が開始された姫路城は、８棟の国宝と74棟の重要文化財を擁する世界文化遺産です。天守群は、大天守・乾小天守・東小天守・西小天守をイ・ロ・ハ・ニの渡櫓でつないだ連立式。それらが絶妙に重なり合う、バランス美が魅力のひとつです。

美しさを際立たせるのが、真っ白な壁面のきらめきです。総漆喰塗籠の白壁は、吸い込まれるような透明感もありながら、太陽の光を受けると独特の輝きを放ちます。化学塗料では表現できない生命を宿したような輝きが、美の秘密といえるのでしょう。

平成27年（２０１５）３月、５年半に及ぶ実工期を経て姫路城大天守保存修理工事（平成の大修理）が完了しました。昭和39年（１

図5-2　生まれ変わった天守の白壁
破風はもちろん、懸魚や蟇股などの細かな装飾まで、すべて漆喰が塗り直されている。

９６４）の解体復元修理（昭和の大修理）完了から45年、慶長14年（１６０９）の完成から４００年の節目に行われた今回の本格的な修理工事で行われたのは、おもに壁面の漆喰の塗り替え、屋根瓦の葺き直し、一部の構造補強などです。まばゆいほど白く生まれ変わったのは、壁面の漆喰をすべて塗り直したおかげです。天守の壁面を強く美しく彩る、漆喰の素材や左官の技術に迫ってみましょう。

漆喰とはなにか

漆喰とは、消石灰（水酸化カルシウム）に苆（すさ）を混ぜ、海藻糊で練った建材です。苆は麻などの植物繊維で、接着力の強化や亀裂の防止に役立ち、海藻糊が粘着性と施工性を高めます。

漆喰のはじまりは古代エジプト・ギリシャ・ローマ文明にまで遡り、日本にはシルクロードを経て飛鳥時代に伝わったとされています。キトラ古墳や高松塚古墳の壁画の下地に用いられ、平安時代初期から神社仏閣建築に用いられました。

はじめは白土（白粘土）がおもに用いられましたが、鎌倉時代以降に石灰が用いられたことで漆喰の使用頻度が上がっていったようです。糊を混ぜてなめらかな質感に仕上げるのは日本の漆喰の特徴で、西洋では水で練るため質感にざらつきが残ります。主成分に石灰を使用している共通点はあるものの、気候や用途により独自に発展した素材です。

白土塗りから漆喰塗りへの移行は、石灰の生産技術や生産力の向上に加え、糊材の発展が起因するとみられます。古代に用いられていた米粥は生産量が少なく高価で貴重でしたが、戦国時代になると海藻を煮出して煮汁から糊をつくる方法が編み出され、米粥から海藻糊へと糊材が代わりました。これにより漆喰の大量生産が可能となり、城の建造などで需要も増したことから漆喰塗りが盛んになったようです。こうして、部分的にしか使われなかった素材から建物の表面全面を仕上げる素材へと発展し、姫路城天守のような総塗籠漆喰が可能になったと考えられています。

漆喰の成分と材料

漆喰の主成分は、貝殻を焼成し水で消和した貝灰や、鉱物資源の石灰岩を焼成し消和した消石灰です。いずれも成分は同じ、水酸化カルシウム $Ca(OH)_2$ で、空気に長時間さらされると炭酸カルシウム $CaCO_3$ に変化します。

石灰石（主成分が炭酸カルシウム）や貝殻を炉で焼成すると、二酸化炭素 CO_2 を発し、生石灰（酸化カルシウム CaO）になります。これに水を加えると発熱して膨張し、消石灰（水酸化カルシウム）になります。消石灰を空気中に長時間さらすとゆるやかに水分がにじみ出し、空気中の二酸化炭素を取り込んで再び石灰石に戻り、ゆるやかに硬化します。

漆喰は強いアルカリ性で、殺菌効果や温度調整効果にすぐれます。防火・防水性に長けていますから、天守の壁面には望ましい素材といえるでしょう。もちろん、美しい仕上がりも魅力です。

姫路城の漆喰の材料は、消石灰、貝灰、苆、糊（海苔）、砂などです。それぞれ製造中止などの困難を経てさまざまな代用品が用いられてきました。消石灰は昭和59年からは高知県南国市稲生産、貝灰は熊本県宇城市産、苆は姫路市内で製造された麻苆、糊は北海道産の銀杏草が使用されています。そのほか、壁の下塗りや屋根目地漆喰の下塗りおよび上塗りに使う砂はできる限り川砂が使われ、後述する屋根目地漆喰の上塗りは、結晶質の石灰石を砕いて粒状にした白砂（寒水石）という細砕石が用いられています。

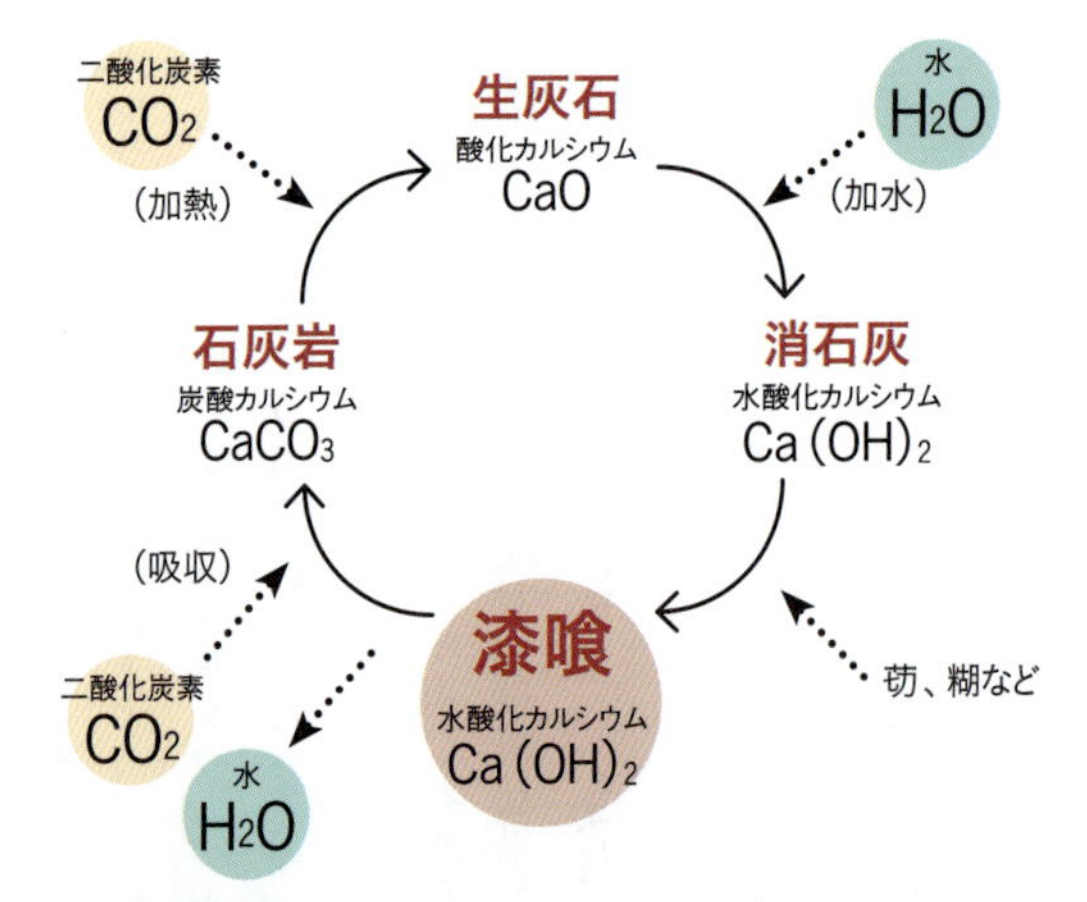

図5-3　漆喰の変化
石灰石（炭酸カルシウム）を加熱すると二酸化炭素を発し、生灰石（酸化カルシウム）になる。これに加水すると発熱して膨張し、消石灰（水酸化カルシウム）となる。消石灰は漆喰の原料で、消石灰や貝灰に苆や糊を混ぜてつくる。消石灰は空気中でゆるやかに水分を発すと同時に空気中の二酸化炭素を吸収して再び石灰石に戻り、ゆるやかに硬化する。

貝灰は貝殻を焼成消和したもので、前述の通り、化学成分は消石灰と同じ水酸化カルシウムです。石灰石から消石灰をつくる場合は採石場や作業場が必要になりますが、貝殻は海岸近くで調達でき、焼成工場も小規模で済むため、中世まではよく使われていたようです。中世末頃に消石灰の大量生産が可能になってからも継続して使われた理由は明らかではありませんが、粒度が適度に荒く塗りやすいため、もしくはひび割れしにくいためなどといわれています。苆はひび割れ防止のため、糊は漆喰の粘りを高めて塗りやすくするために入れられます。

姫路城の漆喰の厚みと工法

日本の伝統的な漆喰工法は「本漆喰」と「土佐漆喰」の2つに分類されます。本漆喰は、消石灰や貝灰といった石灰に苆を混ぜて米粥や海藻糊で練り上げたもので、１・５〜３ミリの薄塗りが基本。一方の土佐漆喰は、江戸時代に土佐（現在の高知県）で開発された独自のもので、糊材や貝灰は使わず、藁を３ヵ月以上発酵させた藁苆を消石灰に混ぜて熟成させます。藁苆の成分が発色するため薄黄〜薄茶色に仕上がるのが特徴ですが、やがて紫外線によって退色し数年で白色になります。砂や土を混ぜて使うことができ、厚塗りが可能です。

姫路城では、本漆喰が採用されています。全国の城の天守や櫓をはじめ、西日本でみられる民家や寺の外壁の漆喰の厚さは土佐漆喰を除いて2〜3ミリ程度の薄塗りで、姫路城大天守の壁面も同じく厚さ3ミリ程度の薄塗りとなっています。

江戸時代の姫路城に用いられた漆喰については史料がありませんが、明治時代の修理記録などからは、石灰や貝灰に麻や紙の苆を混ぜ、布海苔で練ったものだったと考えられています。江戸時代にはよく紙苆が使われていたようで、土塗り面に2ミリ程度の伝統的な薄塗りだったとみられます。天和２〜宝永元年（１６８２〜１７０４）に描かれた『播州姫路城図』には三の丸北詰に「元左官」の記載があり、内堀の北東部には「作事場」があります。漆喰の左官仕事はここで日常的に行われ、漆喰の維持補修は継続的になされていたようです。

昭和9～39年（1934～1964）に行われた昭和の大修理は工期が30年に及ぶため、大きく3時期の施工に分かれ、漆喰の素材も変動しました。大きく変わったのが、壁面上塗の耐用年限の延長を目的とした、第2期工事における漆喰厚塗工法（藁苆漆喰）の採用です。高知城で使用していた土佐漆喰の工法を参考にしているものの、土佐漆喰とは材料が根本的に異なる、独自に開発された漆喰となります。

この工法により厚塗りが可能になり、それまでよりも強い漆喰となりました。しかし、この藁苆漆喰は藁が水分を吸収する恐れがあったため、第3期工事での天守や小天守の漆喰塗りにはさらに改良された漆喰が塗られました。藁を使わず、日本古来の伝統的工法を基本に、下塗りに砂を混ぜる南蛮漆喰の改良版を下塗りに使ったのです。独自の工法により、これまでにない厚さの漆喰塗りが可能となりました。

図5－4のように、天守の総厚さは30・3ミリで、上塗り部分の厚みは2ミリ程度、内壁の漆喰の厚さは3ミリ程度です。砂摺（厚さ1・5ミリ）→下付（厚さ15・2ミリ）→砂摺（厚さ0・9ミリ）→中塗り（厚さ9・1ミリ）、下付（厚さ1・5ミリ）→上塗り（厚さ2・1ミリ）の6回塗りとなっています。小天守やイ・ロ・ハ・ニの渡櫓は総厚さ約18・6ミリで、砂摺

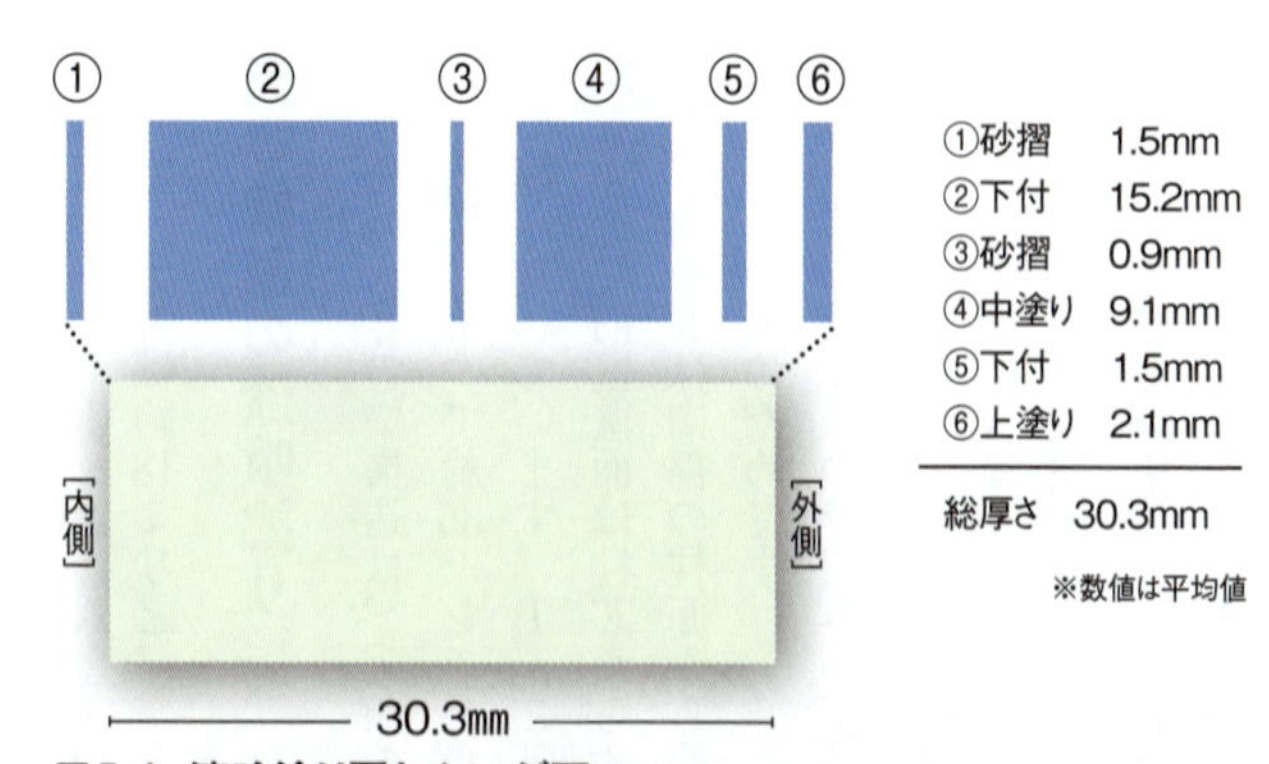

図5-4　漆喰塗り厚さイメージ図
第３期工事での大天守の漆喰の厚さを図示した。
『姫路城漆喰の魅力』（姫路市立城郭研究室）を参考に作成

↓中付↓下塗り↓上塗りの工程、屋根目地漆喰は腹詰↓下付↓中塗り↓上塗りの工程で、厚さ16～21ミリのかまぼこ形に仕上げられています。

平成の大修理では、昭和の大修理第3期工事で使用した漆喰を基本として再現しています。工程も基本的に同じで、外壁漆喰は砂摺↓下付↓中塗り↓下付↓上塗りの工程です。消石灰・貝灰・マニラ苆・砂・海藻糊を材料として、砂摺、下付、中塗りをし、消石灰・貝灰・晒苆・砂を海藻糊で練り上げたもので下塗りをし、この上に江戸時代から使われてきた消石灰・貝灰・晒苆を海藻糊で練り上げた漆喰を上塗りして仕上げます。ちなみに、マニラ苆は麻苆に分類されるもので、繊維の太い麻袋を裁断し、ほぐしてつくります。色の白い麻袋を晒して、さらに白くしたものが晒苆です。漆喰は重ねる層や種類に応じて苆の種類を変え、砂や白砂を混ぜます。

屋根目地漆喰は、腹詰→下付→中塗り→上塗りの工程。塗りの厚さも大天守が約30ミリ、小天守や櫓・土塀は約18ミリと、第3期工事とほぼ同じです。

天守壁面の漆喰塗り

姫路城天守の壁構造は、昭和の大修理の際に行われた調査により明らかになっていました。外壁は外周に沿って約36センチの角柱が建て並べられ、柱芯（柱幅の中心線）に厚さ9センチの貫が楔締めされています。1～2階の土壁の総厚さは約45・5センチで、外壁の壁面は柱芯から約33センチ、内壁壁面は柱芯から約12センチ。よって、外壁面は柱の外面を約15センチ塗り籠めた大壁、内壁面は内部の柱面から約6センチ引っ込んだ真壁となります。外側を大壁とするのは、もちろん防火のためです。

外壁は、格子状の骨組みの下地（小舞）に土壁と分厚く塗り重ね、表面を漆喰でコーティングします。壁面の塗装の工程は、基本的に一般的な土蔵と同じです。壁芯（壁の厚みの中心線）に下地となる荒壁土を塗り、壁の外側と内側をそれぞれ斑直し（むらなおし）し、中塗り、上塗りと重ねます。大壁とした外壁の表面を、漆喰仕上げとします。

荒壁、中塗り、上塗りの素材は少しずつ異なります。ただ同じ素材を塗り重ねているのではなく、配合を微妙に変えてあるのです。この調合も、職人の匠の技。その日の気候や温度、各材料

図5-5　太陽の光を受けて輝く天守
化学塗料とは異なる、美しさがある。

の質を見極めながら、分量の調節をし、微調整しながらつくられます。平成の大修理では消石灰・貝灰・苆・銀杏草の主材料の配合を変え、6種類がつくられました。

姫路城における漆喰塗りのベストシーズンは、3月下旬～5月と9～11月。漆喰は寒すぎると凍り、暑すぎると表面だけ乾燥してしまうため、平成の大修理も天候を見ながら行われました。

土壁の芯となるのは竹や粗朶（そだ）を格子状に縄で編んだ小舞という木組みで、姫路城の場合は若木を束ねた粗朶を使います。これに、藁を入れて1年間寝かせた荒壁土を団子状にして6センチの厚みをもたせて塗り込め、平面をならし斑直しを数回行い、さらに土を塗っていきます。ここから時間をかけて乾燥させ、大斑直し、小斑直し、中塗りと工程を進めて漆喰壁の下地が完成します。姫路城天守最上階の場合、粗朶小舞から外側の厚さは12センチで、その上に漆喰を3センチ塗っていきます。それぞれ乾燥を待って次の工程に移るため、ここまでで2年の歳月がかかります。

天守東西2重目の壁面を飾る巨大な千鳥破風の懸魚（げぎょ）は高さ1・8メートルもあり、三花蕪（みつばなかぶら）懸魚で中央には六葉（ろくよう）がつきます。巨大な懸魚を漆喰で仕上げるケースはまれで、高い技術力が必要。創建時の手法がわからないため、伝統技法のなかから釘に麻の繊維をひげのように垂らす「ヒゲコ」が採用されました。隣の繊維を絡ませて塗り籠め、漆喰と一体化させていきます。

場所に応じて大小・形さまざまな鏝（こて）が使われ、とくに壁面の細かな彫刻や懸魚、蟇股などの塗り直しには職人技が光ります。木彫りの下地を傷つけないように古い漆喰を丁寧にはがし、その上で漆喰を均一に塗り直すという作業は、気の遠くなるような緻密な作業。なんと、100種類以上の鏝が使い分けられたそうです。

漆喰の天敵と対策

平成の大修理は破損状態の調査からはじまり、すべての実測図を起こして図面を作成した上で、漆喰の全面が打音検査により確認されました。該当箇所は剥離面まで解体してサンプルを採取し、塗り厚や下地の仕様を調査。これらをデータ化して、補修箇所や修理方法が検討されています。左官工事は解体範囲により施工内容が異なりますが、最上層は風雨にさらされ傷みが激しかったため、粗朶小舞からの修理となりました。

漆喰はすぐれた素材ですが、唯一の天敵が高温多湿を好むカビです。天守群とその周辺の建造物ではおよそ1年半、西の丸そのほかの場所では3〜4年でグレーがかってきます。漆喰の黒ずんだ汚れは表面についた埃の付着と考えられてきましたが、原因調査のため試料を化学分析したところ、黒カビであることが判明。カビは雨による水分にほこりや漆喰に混ぜる糊などの有機物を栄養とするようで、とくに雨掛（あまが）かりの部分は繁殖が進み、汚損の原因となっていました。

そこで平成の大修理では、目地漆喰全面と壁面下部1メートルの範囲に、浸透性の表面強化材が塗布されました。材料内部に浸透して強度的な劣化を抑制するもので、水分の浸透を抑えるはたらきもあるといいます。目地漆喰の吸水を制限することで、黒カビの繁殖を抑える効果が期待されます。私たちは白く輝く姫路城を、これまでより少し長く堪能できそうです。

「屋根目地漆喰」とは

姫路城天守がほかの天守より群を抜いて真っ白に見える理由のひとつが、「屋根目地漆喰」と呼ばれる特殊な技法です。天守の屋根は平瓦と丸瓦を交互に組み合わせる本瓦葺きですが、屋根目地漆喰とはその瓦の継ぎ目に漆喰をかまぼこのように盛り上げて塗る技法を指します。見る角

図5-6　天守の屋根目地漆喰
鬼瓦の輪違瓦の奥など、隅々にまでかまぼこ形の屋根目地漆喰が塗られている。

度によっては漆喰部分だけが立体的に浮かび上がり、壁だけでなく屋根までも真っ白に見えます。この技法により、黒い瓦がむき出しのままになっているほかの天守よりも、姫路城天守は白漆喰の占める面積がはるかに大きくなるというわけです。美しいだけでなく、風雨への耐久性が格段に増すという利点もあります。

宝永元～元文5年（1704～1740）の記述に匂わせるものがあるものの、いつから屋根目地漆喰が塗られているのかはわかっていません。現時点では、明治43年（1910）から行われた修理工事着手前の写真で確認できるのみです。

屋根目地漆喰塗りは、3工程が基本です。平瓦と丸瓦の隙間を埋める腹詰という下付をし、中塗りをして厚みをもたせ、最後に上塗りで仕上げます。上塗りの塗り厚は１分（約３ミリ）程度で、はがれにくくするため仕上げに端部を盛り上げて塗るひねり掛けをして全体の形を整えます。葺き土（瓦を載せる粘土の層）の量が多いと腹詰漆喰が塗れず、丸伏せ土と腹詰漆喰が接触すると漆喰のひび割れから雨水が浸透して木部が腐食してしまいます。丸伏せ土は瓦の安定のためには必要ですが、多すぎず少なすぎずの一定量が求められます。

目地漆喰は高価で施工にも手間がかかりますが、少なくとも強風対策としてはかなり有効と考えられます。平成16年（２００４）の台風23号で飛ばされた瓦は銅線による引き付けがなく、目地漆喰も劣化によって欠落していたそう。目地漆喰は瓦の一枚一枚をしっかり固定できるようです。

発見！　天守最上階の〝幻の窓〟

平成の大修理において、大天守最上階で新発見がありました。漆喰壁の破損調査をしながら外側の漆喰と土壁を撤去したところ、四隅の外壁の中から窓の引き戸をすべらせるための鴨居と敷居が計８組発見されたのです。現在は外部漆喰壁・内部板壁となっている最上階６階の隅の間が、当初の計画ではほかの柱間と同様に漆喰仕上げの土戸引き違いであると判明しました。

最上階外部漆喰壁の破損が激しかったことが、発見のはじまりだそうです。漆喰を剝がしてみると粗朶小舞を留めている藁縄も形状を保てないほどに劣化し、粗朶小舞も折れてしまったといいます。そこで取り外して板壁を外したところ、隅の間の上下にはまっている横架材に溝が掘られ、敷鴨居（しきがもい）であることが判明しました。

横架材は隣の敷鴨居と同じ形状で、鴨居の溝掘りもほかの鴨居と同じ。しかし建具を開け閉めしたときに生じる擦り傷がなく、使われた形跡はありませんでした。鴨居と敷居はともに柱にほぞ差し鼻栓留めで建て込みであることがわかり、またほかの敷居にはある雨水抜きの管もなく、さらには両方の柱面は鉋仕上げだったと記録されます。

このことから、敷鴨居は後からは組み込めない取り付け方と判明しました。また、ほかの敷鴨居と部材の大きさや溝幅、溝の深さなどが一致することから、現在残る窓と同じ形状の土戸を建て込む設計と推察されます。実際には使用された形跡がありませんから、築城時に取り付けられ、竣工間際になんらかの理由で埋められたとみられます。

敷鴨居にはめられていた内部壁板は椋（むく）の木（き）で、厚さ60ミリ弱、継ぎ目は本実（ほんざね）で合釘をほぼ等間隔に5本打ち、継ぎ目の上下に鎹（かすがい）を打って一枚板のようにしてありました。室内側には鉄製の目板が打ちつけられ、強度を高めた痕跡もあります。壁板は鴨居居間に揚げ越しではめられた後に内側に鉄製目板を打ちつけたと考えられ、四隅8ヵ所とも狭間が開けられていました。狭間に付いている箱板は外側から壁板に釘留めされていることから、外部壁小舞を取り付ける前に、壁板に穴を開けて取り付けたとみられます。

姫路城大天守は慶長13年（１６０８）12月に上棟が行われ、その際には敷鴨居が建て込みで柱に取り付けられ、慶長14年（１６０９）３月には狭間が取り付けられています。よって、12〜２月までの３ヵ月ほどの間に計画の変更がされたと考えられます。

窓が塞がれ壁とされたのは、耐震補強または強風対策が理由でしょうか。姫路城大天守が戦闘仕様であったことは明らかですが、ほかの窓に入っている土戸も椋の木の板に漆喰を塗ってあり耐力はさほど変わらないため、防御力向上のためと考えるにはやや違和感があります。標高約１００メートルの高さにある窓ですから台風対策も考えられますが、ほかの窓には土戸がはまっていますから、これもしっくりきません。

もっとも腑に落ちる説が、地震対策です。天守創建に先立ち、文禄５年（１５９６）には慶長伏見大地震、慶長９年（１６０５）12月には慶長大地震が発生しており、災害をきっかけに変更を余儀なくされた可能性は高そうです。隅の間については構造解析がされており、現状の壁であれば地震に耐えられるものの、窓の場合は耐えられないことがわかっています。

大天守最上階北側の軒下では、謎の家紋も発見されています。同じく最上重には、柱から柱へと水平に渡された長押に星や瓢箪などの絵柄が施されているのも見つかりました。くり抜いた部分に寸分違（たが）わない大きさや形の別の板をはめ込んだ埋め木で、どうやら築城に携わった大工たちが気晴らしに行ったようです。このように、今回の修理工事中には思わぬ新発見もたくさんありました。世界文化遺産に選ばれ調査・管理がしっかりされている姫路城でさえ、まだまだ眠っている謎は多そう。これもまた、城の魅力です。

第6章 松本城天守の漆の秘密

～日本で唯一の漆黒の天守～

図6-1　美しく輝く、漆黒の松本城天守群
内堀越しに望む、大天守、辰巳附櫓、月見櫓。全国で唯一、黒漆が塗られている。

風光明媚な北アルプスなどを借景に凜とたたずむ松本城の天守群は、黒と白のコントラストが映え、絵画のような美しさです。黒壁に独特の重厚感があるのは、日本で唯一、本物の黒漆が塗られているから。松江城天守や岡山城天守、広島城天守など黒壁の天守は全国にいくつもありますが、黒漆が塗られているのは松本城天守だけです。その美の秘密に迫ってみましょう。

漆とはなにか

漆は、漆の木から採取される天然の樹脂塗料です。その歴史は縄文時代からと古く、近年では島根県松江市の夫手遺跡から約6800年前の漆液容器が発見されています。縄文時代を通じて土器の接着や装飾に使われていたようで、弥生時代には武器への漆塗装がはじまり、古墳時代には革製品や鉄製品への加工、棺への塗装もされたとみられます。

漆の木は日本や中国、東南アジアなどにしか生育せず、現在は日本で使われている漆の90パーセント以上が中国からの輸入です。神社仏閣の補修などには国産の漆が使われますが、希少で価格も高いものとなっています。

漆塗りの天守は、さほど存在しませんでした。信長が築いた安土城や秀吉が築いた大坂城をはじめ、豊臣恩顧の大名の城では用いられましたが、高級かつ貴重な素材であるため定番化されず、用いられた時期は限られます。城の壁面を覆う塗料としては最適ではなかったのでしょう。

古代城柵などから出土している漆紙文書が染み込んだ漆の硬化作用によって残されているように、漆には驚異的な耐久性があります。酸やアルカリ、塩分、アルコールに強く、耐水性、断熱性、防腐性にすぐれます。しかし、唯一の弱点は紫外線に弱いことです。松本城天守の壁面も、1年もすれば傷みが生じ、どんなに長くても3～5年で耐久力が尽きてしまいます。恒久的な建物である天守にとってこまめな塗り直しはかなりの手間となり、メンテナンスにかかる費用もかさみます。もともと高価な上に維持費もかかるとなれば、普及しなかったのもうなずけます。

毎年欠かさず、全面塗り替え

驚くことに、松本城天守群では1年に1度、すべての壁面の漆が塗り替えられています。施工されるのは、毎年9月から10月。天然素材である漆はデリケートで、塗るときの環境が制限されます。そこで、条件を満たすこの季節に行われるのです。

漆の主成分はウルシオールという樹脂分で、そのほかに水分、ゴム質、酵素などが含まれます。漆は水分が空気中で蒸発するという一般的なメカニズムとは真逆で、空気中の水分を取り込むことで乾きます。ラッカーゼという酵素が水分中の酸素を取り込んで反応し、ウルシオールが液体から固体へと変化するからです。

そのため、漆を乾燥させるためには温度は20~25℃、湿度は60~65パーセントという条件が求められます。漆器などでは湿度調節が可能な漆室（うるしむろ）やむろと呼ばれる乾燥室を使いますが、野ざらしである天守の壁面はそういきません。ですから、その条件を満たす気候である9月に塗り直しが行われるのです。気象条件によっては、石垣に水をかけて湿度を調整することもあるそうです。

優秀な下地が美の秘密

毎年の工事を担当しているのは、漆職人の碇屋公章さんです。熟練の職人により、1・5～2ヵ月ほどで進められています。

職人の匠の技がなくてはなし得ませんが、工程は驚くほどシンプルです。まず、すす払いを行い、ホースで水洗いをして1年分の汚れを落とします。仕上がりに塵や汚れをつけないようにするため、4人がかりで1週間かけて行います。

このとき、傷み古くなった漆の成分も、汚れと一緒にある程度は流れ落ちるのだそうです。これが天然の樹脂塗料である漆のすばらしいところであり、大きなポイントとなります。古い漆を掻き落とす作業をしなくても、上から漆を重ね塗りすることができるのです。ちなみに、化学塗料を塗れば耐久性は数年長くなるそうですが、その場合は毎回きれいに除去しなければならないため、松本城天守では使われていません。

洗浄を終えた天守の壁面は、漆の光沢が失われた黒い下見板となります。下見板の黒色の正体は、松煙と墨を柿渋に混ぜ、漆用のすり鉢で煉（ね）った渋墨です。この下見板に塗られた渋墨と黒漆の膜が、漆塗りの下地となります。

墨は古くから重宝されてきた優秀な素材で、壁面の保護にも力を発揮してくれます。現在でも遺跡から墨書のある木札などが発掘されることがありますが、かなりの年月が経過しているにもかかわらず、墨書は残っているでしょう。鉄は錆びますが、墨や漆や銅はとても耐久性が高いのです。腐食防止のために、掘立柱に塗られていることもよくあります。

下見板にとって、墨はこの上ない下地となります。植物性の素材ですから同じ植物性の材木と相性がよく、木が柿渋を吸う力で墨粉を木材内部へ引き込み、墨を定着させます。壁面を洗浄しても下見板が黒いのはこの力のおかげで、下地である渋墨はしっかりと下見板に残ります。

細菌を繁殖させない成分でもあるため防腐材の役目もしてくれ、一度塗ればいつまでも効力を発揮してくれるすぐれものでもあります。重ね塗りによってダメージを与えることもなく、一時的な保護膜ではなく繰り返し補給できますから、過去に塗った墨を取り去る必要も、全面を均一に塗り直す必要もありません。天然由来の成分が刺激を与えることなく吸収され、素肌の底力をアップ。その効果で化粧のノリもよくなるというわけです。上塗りの下地ではありませんから、クレンジングをすることなく、化粧直しが美しく仕上がります。

こまめなメンテナンスが可能な理由

漆喰塗籠はすべてを剝がして何層も塗り直さなければならないため、部分的な修復や重ね塗りができません。塗り籠めてある以上はしっかりした足場を組んで軒裏まで施工しなければなりませんし、下地の修復も加わるとなればかなりの手間がかかります。壁面の漆喰が全面塗り直された姫路城天守の工期の長さからも、予測がつくでしょう。

これに対して、松本城天守は下見板に大きな問題がなければ、その上から漆を塗り直す工程だけで済みます。塗るのは壁面だけですから、足場を組むのは1階部分を塗るときだけで、残りは屋根の上で作業できます。つまり、メンテナンスがかなりラクです。

下見板も紫外線にさらされ続ければ下地が失われ、やがて材木が露（あら）わになって、さらに放置すれば腐食して材木を取り替えなければならない事態に陥ります。しかし松本城天守では毎年欠かさずにこの作業をしていますから、下見板まで傷みが及ぶことはありません。洗浄後には下地の傷みを丹念にチェックして必要であれば補修をしますが、台風などの大きな被害がない限り、渋墨が欠けていることは例年ほとんどないそうです。

毎年メンテナンスをしていると聞くと、かなり手間がかかり費用もかさむような印象を受けますが、松本城天守の壁面は常にベストコンディションを保てていますから、今のところ姫路城天守のような大規模な修復工事の心配がありません。松本城天守の漆塗り工費は毎年約４２０万円。姫路城天守のメンテナンス周期は約50年とはいえ、総工費を考えれば松本城天守の年一度のメンテナンスはかなり効率的といえそうです。

さて、工程に戻りましょう。といっても、洗浄と下地のチェックが終わったら、下見板の上に大小の刷毛（はけ）で漆を1回塗るだけです。使われる漆の量は驚くほど少なく、伸びのよい漆は職人の技で均一に美しく塗られていきます。もちろん、使用するのは国産の漆です。

長い年月によって生じてしまう板の割れ目やささくれなどは、観光客の手足に刺さらないように磨き、「刻苧（こくそ）」という漆のパテのようなもので埋めていきます。接着効果があるため、板の割れもそれ以上は進みません。

漆の艶はなぜ生まれるのか

漆と聞いて連想するのは、おそらく工芸品の漆器でしょう。上品な艶、ぽってりとした厚み、やわらかな肌触り。高級料亭などで出されるお椀を手にしたときは、なんともいえない心地よさがあります。ざらつきのないつるりとした質感こそ、漆器の最大の特徴です。

この艶の秘密は、下地にあります。漆のランクや塗り方、塗り重ねる回数の違いではなく、仕上げに至るまでの複雑かつていねいな土台づくりの賜物なのです。メイクアップと同じで、丹念につくられた下地は仕上がりの美しさに大きく影響します。たとえば輪島塗で採用されている「本堅地（ほんかたじ）」は、欠けやすい部分に布を貼りつけ、珪藻土（けいそうど）を焼成した粉末と漆を混ぜたものを塗り、乾かした上で磨く、といった何段階にも及ぶ下地づくりを経た上で、ようやく塗りの工程に入ります。

松本城天守の壁面が輪島塗のようにつるりとしていないのは、こうした下地づくりをしていないからです。壁ですから、輪島塗のような工程を踏みません。渋墨下地を施した下見板の上に、漆を直接塗るのみです。木目の美しさを出す、春慶塗という塗り方です。

月見櫓の廻縁だけは、天守の壁面とは色だけでなく質感も違います。天守壁面よりも表面がなめらかなのは、錆土を使う「堅地」という下地づくりが施されているからです。奈良県産の錆土と生漆を練り合わせたものをつける「錆下地」です。刻苧と錆で平らに整え、中塗り、上塗りと重ねていきます。デリケートな作業ですから、一気に塗っていく壁面とは違い、漆が乾く間に埃などがついて節（埃に集まる漆の塊）ができないようにシートで囲み、簡易的な漆室をつくり作業します。

漆の色のつくり方

漆の美しい色にも、職人技が隠されています。漆は天然樹脂ですが、木の表面から採取した樹液がそのまま使用できるわけではありません。乳白色の樹液を濾過し木の皮などを取り除いた「生漆」を、一般的には精製して塗料にします。生漆をかきまぜて漆の成分を乳化させて均一にする「なやし」と呼ばれる作業、余分な水分を取り除く「くろめ」という工程を経て「透漆」という透明な飴色の精製漆をつくります。

松本城天守の壁面が黒い漆なのは、この透漆をつくる段階で鉄分を混ぜ、鉄と漆に含まれるウルシオールとの化学反応によって、漆そのものを黒色に変化させているからです。深く光沢のあ

図6-2　色漆が塗られた月見櫓
美しい朱塗りの廻縁は、透漆にベンガラを混ぜた色漆が塗られている。

る漆黒は、ほかにはない漆だけでしか表現できない黒色。鉄も日本では古代から使われてきた特有の素材で、鉄に漆を塗ると黒くなることは知られていました。鉄瓶などの生活用品のほか、甲冑や兜などにも使われてきた優秀かつ万能な素材です。

透漆に酸化鉄のベンガラや硫黄、チタンなどの顔料を加えると、朱や緑などの「色漆」となります。月見櫓の朱塗りの廻縁はこの色漆を塗ったもので、透漆にベンガラを混ぜた色漆を用いています。

かつて、月見櫓の廻縁は現在よりも光沢があり、鮮やかな朱色をしていました。これは、漆の仕上げの変化によるものです。透漆には油分の多いものと少ないものがあり、油分の多い艶のある漆を塗りっぱなしにしたものを「立塗」、油分が少ない漆を塗り、磨いて艶を出したものを「蠟色」といいます。廻縁は後者で、磨かれて輝きを放つ手の込んだ仕上げです。月見櫓では磨くという最終工程を従来からしていないため、少しくすんだ色になっているのです。現在は観光客が廻縁へ出られなくなってしまいましたから、観光客の手足が触れることによって磨かれることもなくなってしまいました。

廻縁の漆は天守の壁面とは工程が異なるため、塗り直しにも１ヵ月かかり、本上塗りから元の朱色に変わるまで２ヵ月かかります。月見櫓は天守とは築造時期が異なり、太平の世となった寛永11年（１６３４）に、３代将軍・家光の上洛に際して増築された建物です。戦国時代の戦闘仕様の天守や乾小天守とは異なり、手の込んだていねいな技法となっています。

職人に守られ文化となる

松本城天守群の黒漆は、廃城後ずっと維持されてきたわけではありません。現在に至るまでには、碇屋さんの尽力がありました。きっかけとなったのは昭和29年（１９５４）に行われた解体修理工事のとき。板と板の重なり部分から漆が発見されたことから、同じ材料、同じ塗り方で漆塗りが施されました。このとき白羽の矢が立った漆職人が、先代の碇屋儀一さんでした。材料費を考えればまったく儲けはなく、請け負うというより善意での参画だったそうです。

儀一さんはひとりですべての壁面を塗り直した後、なんとその後の約10年間は自腹で修復をしていたそうです。前述のように、漆は1年も経てば傷みが目立ちはじめます。日々傷みを増し汚れていく松本城天守群の姿を、儀一さんは職人として放っておけなかったようです。昭和40年（1965）頃に国の直轄事業で塗り替えが行われた際の修復費も、わずか19万円（手間賃）で請け負ったそう。この年から、国の方針で毎年の塗り替えが行われるようになりました。全国唯一の漆黒の天守は、職人の心意気と誇りによって、日本の宝となった歴史があったのです。

こうして先代によって守られた漆黒の天守群は、やがて碇屋さんに受け継がれました。伝統的な工法と材料にこだわり、築城当時の状態を維持しようと挑戦し続ける姿勢も、碇屋さんの職人としての意地です。より高機能な化学塗料や合理的な新技術の導入は、それがたとえ天守にとってよいものであっても文化財の補修ではない、というのが信条。工法を変えることは歴史をねじ曲げることであり、材料と工法を維持しながらの保存が原則なのだとおっしゃっていました。

城は長い歴史のなかで、時代の荒波に揉まれながら強くたくましく生き抜いてきた地域の分身です。そこには人々の営みがあり、どんなときにも城を愛で、守り、伝えてきた人々が存在します。城の歴史は、人々によって日々積み重ねられてきたといってもよいでしょう。合理化して手間を省くこともなく、先人の仕事を手本に粛々と。碇屋さんの心意気と技が、松本城天守群の美しさを文化に変えたと言えるのではないでしょうか。今日のその姿を見上げることができる私たちもまた、歴史の立ち会い人。そんなことを思うと、この上なく贅沢な気持ちになります。

第7章 丸岡城の最新調査・研究事例

~科学的調査で国宝をめざす~

図7-1　**新発見が続く丸岡城天守**
国宝化に向け、調査と研究が進んでいる。科学的調査にも注目だ。

福井県坂井市では平成27年（2015）に丸岡城国宝化推進室が設置され、丸岡城天守の歴史的な価値と評価を明らかにするための研究・調査が進められています。事業はまだ現在進行中ですが、すでに新たな発見が続いています。

日本の城は、わかっていないことだらけです。本書が参考としている報告書も昭和20～30年代の修理工事の際のもので、最新報告といってもかなり古いものです。全国各地の城で研究への本格的な取り組みがはじまった今、進化した調査法によって新たな知見が明らかになる可能性はかなりあります。興味深い事例として、丸岡城天守の調査・研究を取り上げてご紹介しましょう。

明らかになる天守の実態

丸岡城は、天正4年（1576）に柴田勝家の甥・柴田勝豊により築かれた城です。天守が現存する城のひとつで、初期望楼型とされる古式の天守が国の重要文化財に指定されています。

丸岡城天守については、昭和30年（1955）に刊行された『重要文化財丸岡城天守修理工事報告書』がもっとも詳しい記録となります。昭和23年（1948）の福井地震で倒壊し、昭和26〜30年（1951〜55）に復元再建された際の報告書です。しかし、震災後の復旧工事であることから倒壊前の天守についての記述は乏しく、詳細はよくわかりません。実は、丸岡城天守はそれに先立って昭和15〜17年（1940〜42）にかけて解体修理工事が行われていたのですが、昭和23年の震災によってこれらの資料のほとんどが焼失してしまいました。

図7-2　倒壊前の丸岡城天守

震災前の昭和17年頃に撮影されたもの。現在とほぼ変わっていない。　提供：坂井市教育委員会 丸岡城国宝化推進室

今回の調査・研究でさまざまな新発見にいたった背景には、2つの奇跡がありました。ひとつは、福井県庁で保管されていた昭和15〜17年の修理事業の報告書『國寶建造物丸岡城天守閣修理工事精算報告

書』が見つかったこと。もうひとつは、当時の工事技師であった故・竹原吉助さんが撮影した、工事中の現場写真のガラス乾板が160枚余も発見されたことです。これらを中心に、既存の資料も含めて学術的な調査が進められました。その結果、これまでとは異なる丸岡城天守の姿が浮上してきたのです。

4つの新発見① 柿葺き、腰屋根、懸魚

丸岡城天守の特徴は、地元の足羽山（あすわやま）で採れる笏谷石（しゃくだにいし）を用いた石瓦葺きであること、初期望楼型の特徴である廻縁があること、礎石建物ではなく掘立柱建物であったことです。城のガイドブックなどを見ても、その3つがポイントとして紹介されています。とりわけ廻縁の存在と掘立柱工法は、天正4年（1576）という早い時期に築造された天守であることの裏付けとして語られてきました。ところが今回、創建時の天守はこれらとは異なっていたことが判明しました。

新知見は4つあります。まず1つめは、石瓦は建造当初からのものではなく、かつては柿葺きだったことです。昭和17年（1942）の修理報告書には石瓦葺の下に柿葺（こけらぶ）きの旧材の一部が残っていたとの記述があり、竹原さんの古写真でも確認されました。柿葺きは、長さ20～30センチ、幅10センチ、厚さ5ミリ程度の薄い手割りの板を野地板の上に葺き重ねる工法です。板と板の間にできる少しの隙間により屋根裏の通気が促され、木材の耐久性が高まります。日本古来の

図7-3　現在の丸岡城天守
最上階には廻縁がめぐらされる。

伝統的な屋根工法ではありますが、防火性が求められる天守では好まれず、現存する天守はすべて瓦葺きで柿葺きのものはありません。

２つめは、最上階にめぐらされた廻縁が後世につけられたもので、かつては腰屋根だったことです。これも、昭和17年の報告書に建設当初は腰屋根だったことが記されており、古写真でその痕跡が確認されました。現在は廻縁の下に隠れて見えないのですが、古写真には、腰屋根が取り付けられていた跡や仕口が明瞭に写っています。正保元年（１６４４）に徳川幕府の命により作成された『越前国丸岡城之絵図』（国立公文書館蔵）にも、描かれた天守には廻縁がなく、板葺きの腰屋根が描かれています。

３つめも昭和17年の報告書の記述と古写真で確認されたもので、懸魚に漆が塗られていたことがわかりました。素木造であることも丸岡城天守の大きな特徴のひとつですが、この特徴も覆ることになります。保管されている懸魚にも漆と思われる塗膜が残り、今後は科学的分析調査が行われるそうです。懸魚が取り付けられる破風板にも漆が塗られていたと考えられ、現在の質素な印象とは異なる輝きを放っていた可能性が出てきました。現在は銅板張りの鯱も、報告書の記述通り木製で金箔が押されていたことが古写真に映る部材から確認されました。

4つの新発見② 掘立柱ではない地下構造

そして4つめが、地下構造です。一部の柱が掘立柱だったことはこれまで知られていましたが、古写真から天守台石垣の内側に石列があることが確認され、石垣の内側が周囲より低く造成されて床下に空間があった可能性が出てきました。

現在、天守1階の柱はすべて天守台の上に据えられた礎石の上に建てられていますが、東西中央列の5本の柱と入側境の計5本の柱（南入側境の西から2、3、4番目、北入側境の西から3、5番目）は掘立柱だったことが報告されていました。東西中央列の柱は、昭和12年（1937）に根元が切り取られて、切損部はコンクリートで補塡され、2尺3寸〜5寸（約69・7〜約75・8センチ）ほどが土中に埋まる掘立柱であったと昭和17年の報告書に記載があります。入側境の柱も、東西中央列と同様に天守台の地盤から2尺3寸〜5寸の深さに旧礎石が残り、掘立柱だったと判断されていました。よって、創建当初からすべての柱が掘立柱であったとされていたのです。

ところがこのたび発見された古写真で、入側境筋に沿って、天守台上面を石列がまわっていることが確認されました。図7－4が、そのようすです。掘り込まれた内側の壁を固める土留めの石列とみられ、掘り込みの底面が深さ2尺3寸〜5寸程度の礎石のあった旧地盤面と考えられます。つまり、天守台石垣の地下には高さ70〜76センチ程度の床下空間があったことになります。

姫路城天守や犬山城天守にある地下1階の穴蔵のような構造ですが、わずか70〜76センチから地階とするにはあまりに高さがなく、床下空間とするのが妥当です。天守建造後にこのような空間の増設は難しいことから、創建当初からあったものとみられます。

床下空間が創建当初からあったとなると、柱はこの空間の底面に据えられた礎石の上に建っていたと考えられ、つまり創建当初は掘立柱ではなかったことにな

図7-4　確認された石列
修理工事の際に撮影された古写真。天守台石垣の内側の一段低いところに、石列があることがわかる。床下空間が存在し、その面に礎石を据えて柱が立っていた可能性がある。　提供：坂井市教育委員会 丸岡城国宝化推進室

ります。昭和15〜17年の修理工事の際は掘立柱の痕跡が確認されていますから、それまでのどこかの時期に床下空間が埋められ、礎石立ての柱の根元が土中に埋まり、掘立柱になったと考えられます。

床下空間は、どうやら貞享5年（1688）に埋められた可能性が高いようです。昭和30年の報告書によれば、東西中央列の6本の柱のうち5本の柱が太い柱に入れ替えられたことが墨書から判断されます。また東西中央列の東から4番目の柱はそれまではなく、貞享5年に補加されて、唯一天守台上の地盤面に据えた礎石上に立っています。貞享5年になんらかの理由で中央柱の入れ替えが必要となり、構造強化のために床下空間を埋め、入れ替えられる柱の根元には厚板を添え、防腐のために漆喰を塗って耐久性を高め、新たな柱を立てたと考えられるのです。

天守を解明する「C14放射性炭素年代測定法」

国宝化に向け天守の価値を明らかにするためには、現状把握と特徴の解明のほか、歴史を解明することも必要です。そのために、創建年代を絞り、改変や修理の歴史を解明する調査も進められています。丸岡城天守は日本最古の天守といわれますが、それを直接的に証明する文献史料がありません。創建年代についてはさまざまな見解があり、なかなかに複雑なのです。

創建年代を明らかにする調査で新たに用いられた調査方法が、「C14放射性炭素年代測定法」

と「年輪年代測定法」です。いずれも天守の建築材料である木材をサンプルにアプローチする、最新の自然科学的な調査方法です。

Ｃ14放射性炭素年代測定法（ウィグルマッチング法）は、炭素の放射性同位体（Ｃ14）の値を利用した年代測定法です。アメリカのウィラード・リビー博士が１９４７年に発見した年代測定法で、１９６０年には放射性炭素年代測定法の開発に尽力した功績でノーベル化学賞を受賞しています。日本では平成16年（２００４）から文化財建造物への応用がはじまり、栃木県足利市の鑁阿寺（ばんなじ）の調査で用いられ、調査結果が平成25年（２０１３）の国宝化にもつながりました。

生成されたＣ14は大気中で酸化されて二酸化炭素として炭素サイクルに組み込まれ、植物には光合成によって、動物には食物連鎖によって取り込まれます。生物の生命活動が終わると炭素の取り込みも終了し、Ｃ14は放射性元素の崩壊の割合に沿って規則的に減っていく性質があります。よって、調べたい生命体のＣ14の値を測定すれば、生命体の死後どれくらいの時間が経過しているかがわかります（図７－５）。

木の場合、新しい年輪が毎年つくられ、外側に増えていきます。古い年輪ほどＣ14の量は少なく、年輪の中心と外側ではＣ14の値に違いが生じます。そこで、年輪を数えて複数の場所の試料を計測し、グラフに起こしていきます。Ｃ14の量は毎年一定量ではないため、年ごとの数値をグラフ化すると規則的に減少していたとしても直線にはならず、ジグザグに折れ曲がったグラフに

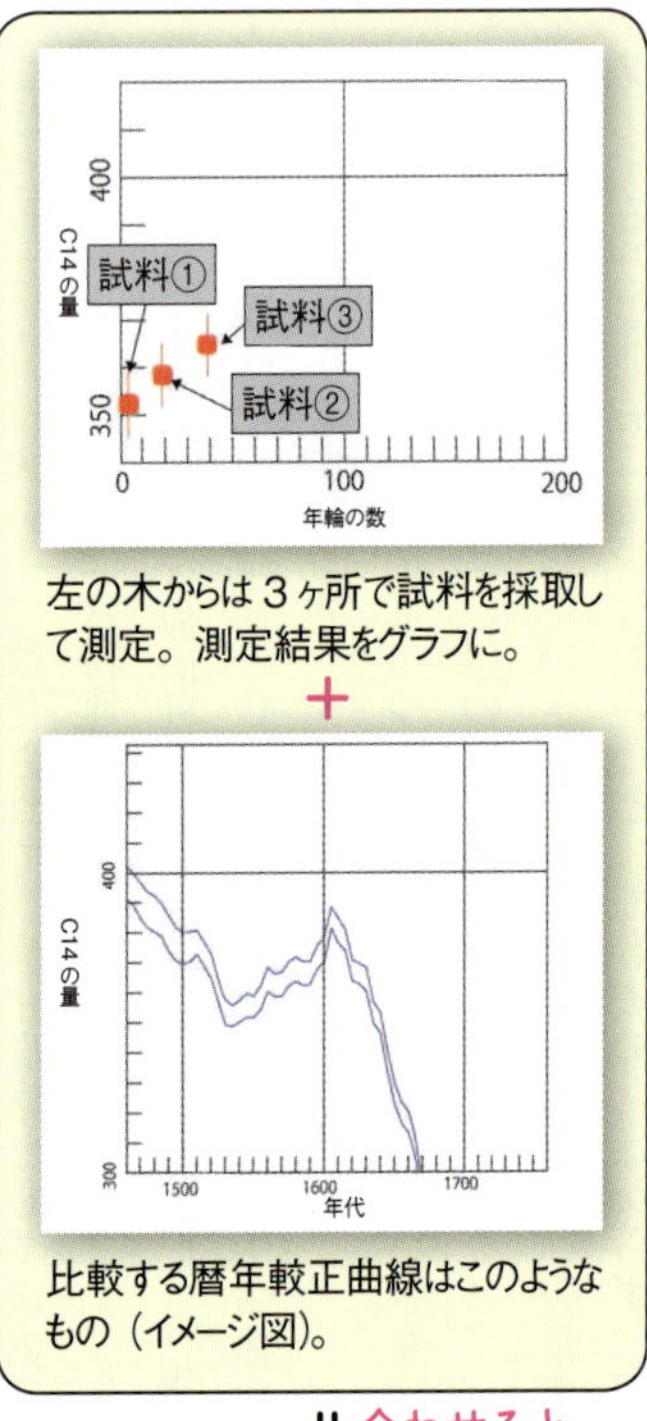

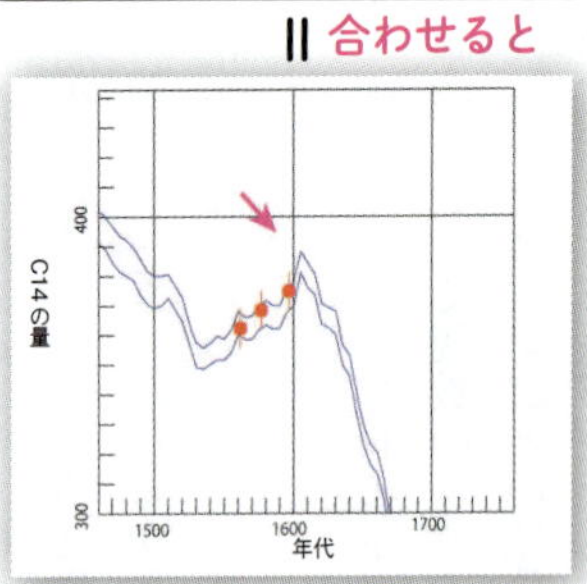

矢印のところが木材の最外年輪形成年。伐採年代に最も近い年代。

図7-5　C14年放射性炭素年代測定法の調査方法と結果
坂井市教育委員会丸岡城国宝化推進室提供の図に加筆

なります。暦年較正（こうせい）曲線と呼ばれるこのジグザグのグラフが年代測定のものさしとなり、調査対象である木材を計測し作成したグラフと比べ合わせれば年代が推定できます。

丸岡城天守の調査では、対象となる木材の年輪を数え、もっとも外側、中心、その中間といった複数の試料を採取して行われました。採取する試料は、ほんの少量で十分。保管していた古材や清掃時に発生したささくれなどから17部材を選定し、50点の試料が採取されました。採取した試料は下処理の後、ＡＭＳという計測機械で１ヵ月ほどかけてＣ14の量が測定されます。

結果、柱や梁などの建築材料に16世紀後半〜17世紀代に伐採された木材が使用されているというデータが得られました。ただし、測定結果は年代幅が大きく、丸岡城天守が日本最古の天正４年築造と裏付けるためには、構造や技法、石垣、文献などさらなる総合的な調査が必要です。

「年輪年代測定法」とは

年輪年代測定法は、20世紀初めにアメリカの天文学者によって創始された、年輪の変化を利用した画期的な測定法のことです。年輪パターンの分析により、樹木の年代を１年単位で推定できます。日本では研究が遅れていましたがようやく実用化し、弥生時代の年代観が１００年前後繰り上がるという驚きの結果も出ています。各年輪が形成された年を１年単位で決定できるのが特徴ですから、得られた年代に誤差がないという点においては、自然科学的年代測定の中でも特にすぐれた方法といえます。

生息する樹木の年輪は、毎年一層ずつ形成されます。気象条件によって多少左右されるため年輪の幅が広い年と狭い年がありますが、同じ地域・時代に生長した木々ならば、刻まれた年輪パターンも類似したものとなります。年輪の幅や密度など、木々に共通する年輪パターンの変化をグラフ化できれば、年代を測るものさしができるわけです。これに調査対象となる試料の年輪パターンを照合すれば、切り出された年が1年単位で判明します。

ものさしとなるグラフを、標準年輪曲線といいます。日本では檜、杉、高野槇(こうやまき)、檜葉(ひば)で標準年輪曲線の作成がされており、檜や杉は約3000年分のものさしがすでに存在します。

丸岡城天守の調査では、3階の床板や2階の板戸などから21点の計測試料を選定し、うち7点の計測が行われました。10ミクロン(100分の1ミリ)という微視的な単位で年輪の幅を計測し、パターングラフを作成。これを暦年年輪曲線に照合します。合致するところが、もっとも外側の年輪が形成された年ということになります。

結果、2階南西小部屋板戸(南)の檜葉が1620年、2階北面小部屋床板の檜葉が1593年、1階東面床板(東5枚目)の檜葉が1581年と、16世紀後半から17世紀初頭のデータが得られました。主要構造材ではありませんから明確な天守の建造年代を特定する材料にはなりませんが、その時期になんらかの建築行為があったことが明らかになりました(図7-6)。

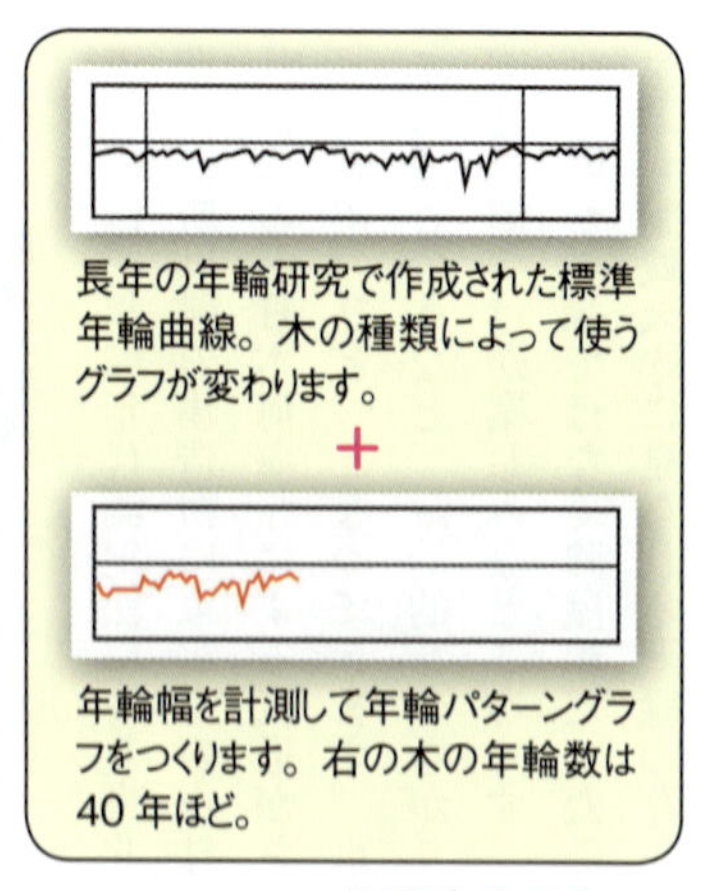

‖ 照合すると

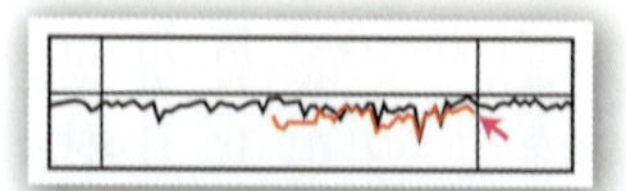

照合させたグラフはこのようなイメージ。矢印のところの年代が、木の最も外側の年代。

図7-6　年輪年代測定法の調査方法と結果
坂井市教育委員会 丸岡城国宝化推進室提供の図に加筆

もっとも外側の年輪が形成された年≒木が伐採された年、ですから、建築材料として使われた年代に近いということになります。ただし、年輪年代測定法で導き出される年は、あくまで樹木そのものの年です。伐採してから建造されるまで年月が経過しているケースもあれば、ほかの建造物の部材を転用している可能性もありますから、建造物の築造年の特定には直結しません。やはり、今後のさらなる調査が期待されます。

定説が覆る調査結果

興味深いのは、年輪年代測定法により東北産の檜葉材の使用が判明したことです。福井県内で中世近世移行期以前の建造物に東北産の木材の使用が科学的に証明されたのは、今回が初めて。江戸時代に入ると日本海海路による流通がさらに活発化しますが、それ以前に北陸と東北のつながりを示す証拠のひとつとなってきます。東北まで支配が及んでいたのでしょうか。はたまた、大名間で融通し合うなど、政治的なつながりがあったのでしょうか。いつの時代の材なのか、詳しい解明と位置づけが楽しみなところです。

天守最上階が廻縁ではなく腰屋根だったことも、単なる構造の相違に留まらない重要な意味があります。丸岡城天守に見られる廻縁の存在は、初期の望楼型天守の特徴とされていました。第3章でも述べたように、初期望楼型天守には廻縁が存在するような認識がありますが、今回の発見によって必ずしもそうではない可能性が出てきたのです。最上階の柱がていねいに台鉋で仕上げられた特別な空間であることも、これまでの定義からすると違和感を覚えるところです。さらなる調査が進めば、初期望楼型天守の定義そのものが覆るかもしれません。

第8章

松江城の新知見

〜明らかになった独自のメカニズム〜

図8-1　国宝指定された松江城天守
学術的価値が認められ、大きな話題になっている。

平成27年（2015）7月、松江城の天守が国宝に指定されました。天守が国宝指定されるのは63年ぶりのこと。姫路城、松本城、彦根城、犬山城の天守に次ぎ5つめです。

国宝に指定された大きな理由は、独自の建築技法が明らかになったこと、その築造年が判明したことです。近世城郭最盛期を代表するすぐれた建築物であり、望楼型の到達点であることが証明されたのです。国宝化に向けた調査で明らかになった、松江城天守の構造の特徴や新知見に迫ってみましょう。

天守の構造と特徴

松江城が完成したのは、慶長16年（1611）のことです。築いたのは、豊臣秀吉の家臣であった堀尾吉晴。子の忠氏が関ヶ原合戦の論功行賞によって出雲・隠岐24万石を拝領し、慶長5年（1600）11月に富田城へ入城しました。その後、富田城の北西25キロほどの場所に松江城を新築し居城を移転。城地選定中に病死した忠氏の跡を継いだ忠晴が幼少だったため、吉晴が実質的に築城の指揮を執りました。天守から付櫓に向けた狭間や隠し石落とし、天守地階の井戸の設置など軍事的な側面が強いのも、こうした築城の背景があるからです。

天守は4重5階地下1階の望楼型で、前面に付櫓が付属する複合式天守です。総床面積は約1700平方メートルと、現存する天守では姫路城に次いで2番目の規模を誇ります。天守内を見渡すと、かなり広いことに気づくでしょう。外観は下見板の黒色や巨大な破風の存在感もあいまって、どっしりとした印象です。棟までの高さは22・43メートルで、建物自体の高さは姫路城天守、松本城天守に次いで3番目。大屋根に望楼を載せた、初期的発想の古い形式といえます。

太い柱と梁で軸部を組み、貫で固め、長さ2階分の通し柱を随所に立てる構造です。この通し柱の用い方が、松江城天守の最大の特色となります。望楼型天守が層塔型天守へ変容する中で発生したとされる、通し柱を各階に相互に配し支える「互入式通し柱」という構法です。

松江城天守は図8-2のように、地階~1階、1~2階、2~3階、3~4階、4~5階と、交互に配した2階分の通し柱で天守を一体化しています。天守の荷重を2階分の通し柱で支えようとする技法です。

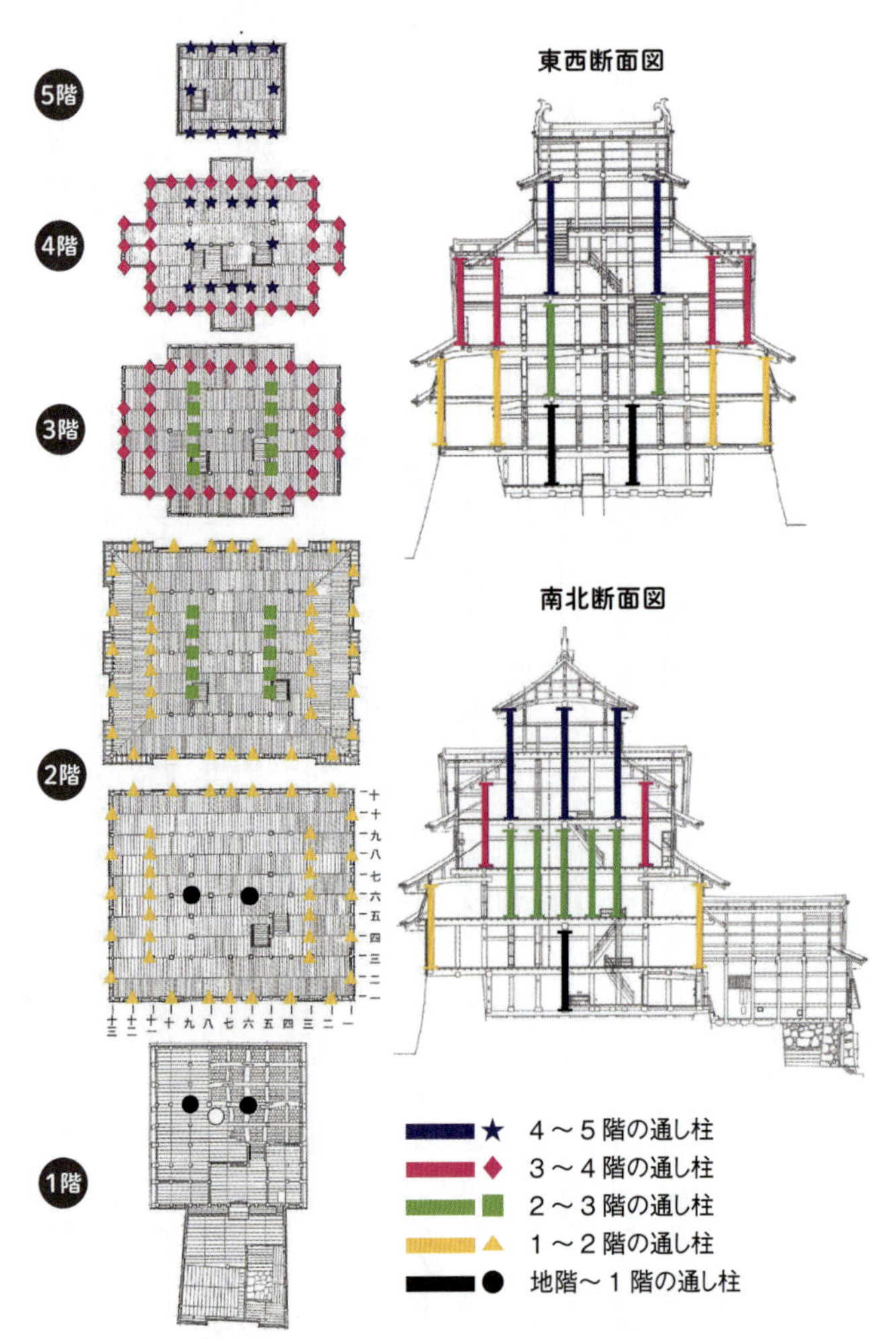

図8-2　**通し柱位置説明図（左）と、通し柱説明図（右）**
色分けしてあるように、地下～1階、1～2階、2～3階、3～4階、4～5階と、2階分の通し柱が交互に配され、天守の荷重を2階分で支えている。　『松江城天守学術調査報告書』をもとに作成

姫路城天守と比較すると、しくみがわかりやすいでしょう。姫路城の通し柱は、地階から6階の床までを2本の通し柱（心柱）が貫通して支えています。実際には並び立つ柱がジャングルジムのように強固に構成されて心柱そのものを支えているのですが、いずれにしても長大な2本の柱が貫通する独自の構法です。これに対して松江城天守は、2階ずつを通し柱で支え、均一に荷重をかけています。

天守の発展を示す構造

図8－3のように、松江城天守は2階分の通し柱をずらすように配置することで、天守の荷重を下の階で直接受けないようにしています。5階の柱筋を4階の柱が直接支えない構造です。上階の荷重は横方向の梁で受け、その荷重は梁を伝わって外側にずれ、さらにその荷重を下の階の梁が受ける、といった具合に、逆Tの字のように荷重を外方向へずらしながら下方向に伝えます。本来であれば上階の荷重は下階の柱が同じ位置で受けるのが理想ですが、それができないため2階分の通し柱を各階にバランスよく配置して、膨大な天守の重さを分散させています。

この方法を使えば、姫路城天守のように長くて大きな柱を用いなくても巨大な天守を支えることができ、天守の巨大化が可能になります。姫路城ほどの長大な通し柱が調達できなかったため、代替策として2階分の通し柱によって重量を支える方法が編み出されたのでしょう。松江城

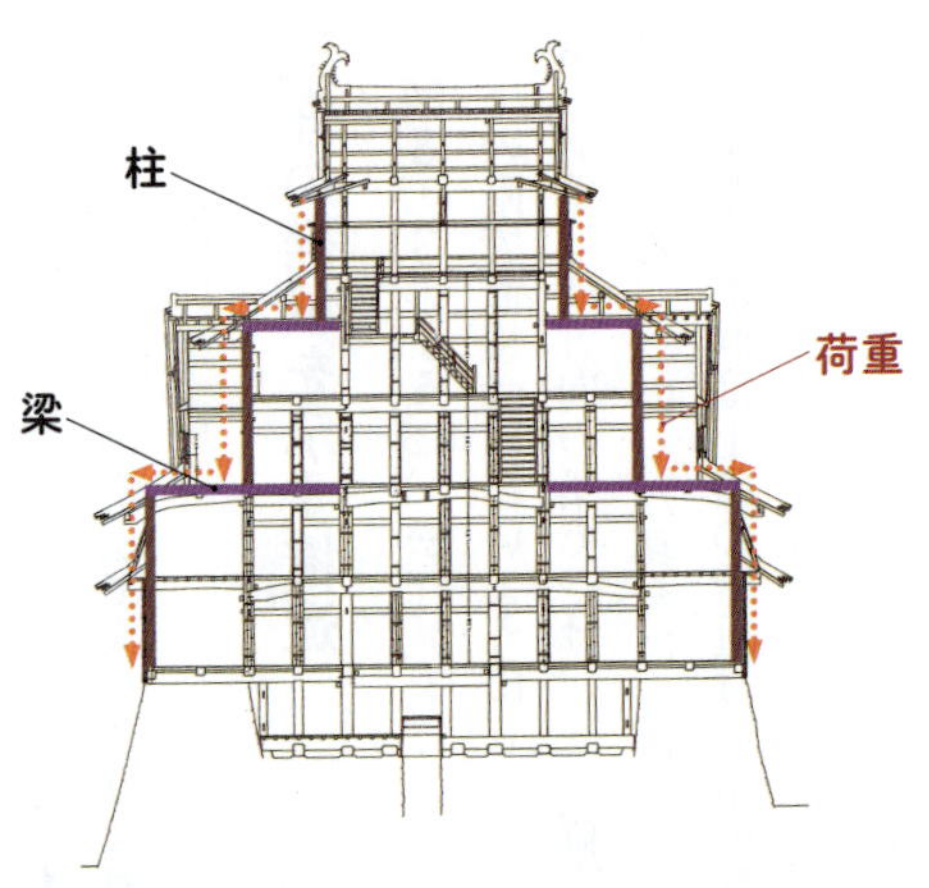

図8-3 荷重が伝わるしくみ

2階分の通し柱をずらすように配置することで、上の階の荷重は下の階の柱ではなく梁に伝わり、横方向に伝わる。外側にずらしながら、下方向に荷重を伝えることができる。　『重要文化財松江城天守修理工事報告書』より断面図を加筆して引用

天守の1階から4階までは308本の柱がありますが、そのうち96本がこの通し柱となっています。地階～1階は2本、1～2階は38本、2～3階は10本、3～4階は34本、4～5階は12本です。

松江城天守で編み出されたこの構法は天守の発展にも大きく影響し、その後の丸亀城天守や宇和島城天守などでも採用され、やがて大坂城天守や名古屋城天守にも用いられるようになったと推察されています。

後藤治氏によるほぞ差しの論考も、興味深いところです。人が乗る床梁は下向きに力が働くため、梁の端を柱にほぞ差しにして、柱と梁が接合する部分のほぞ差しに「指付け」という木の栓をする技

法を用いることで、下向きの力に対抗するというものです。床梁を支える柱と、床梁がささる柱を巧みに使い分けているというわけです。

指付けは、古い構造の松本城天守や熊本城宇土櫓では見られませんが、慶長13年（１６０８）建造の姫路城天守や慶長16年（１６１１）建造の松江城天守では多用されています。通し柱には指付けがつくりやすいため、普及したようです。96本の通し柱がある松江城天守は姫路城天守よりはるかに多用されており、完成度の高い建築構造を叶える要因となったようです。

天守完成を証明した祈禱札

松江城天守の構造的技法が画期的であることはわかりました。しかし、後に築かれる天守に影響を与えたかどうかは、築造年を明らかにしなければ語れません。松江城天守の歴史的な価値を証明するためには慶長16年に天守が完成したことを明らかにせねばならず、その証明ができたことが国宝化の決め手のひとつとなりました。

天守の完成年代の特定は実は難しいもので、たとえば犬山城天守は1〜2階と望楼部の時期差がある上にそれぞれ築造年代が釈然としないように、一筋縄ではいきません。古材が転用されているケースもありますから、材木の年代や柱の加工技術だけでも断定はできないのです。

松江城の歴史観を検討する上で大きな進展となったのが、２枚の祈禱札の存在です。「奉読誦

図8-4　地下1階に展示された祈禱札
2枚の祈禱札は、地下1階の中心付近を貫く2本通し柱に打ちつけられていた。現在は祈禱札のレプリカが、該当する2ヵ所に展示されている。

如意珠経長栄処」祈禱札と「奉転読大般若経六百部武運長久処」祈禱札の2枚が発見され、それにより天守完成年が特定されました。2枚の祈禱札は、昭和12年（1937）に実測調査をした城戸久氏が存在を確認していましたが、行方不明となっていました。この2枚が平成24年（2012）5月、棟札類の調査時に松江神社から発見されたのです。記された墨書は肉眼で識別できないものもありましたが、赤外線調査により大半が判読できました。

1枚には「奉読誦如意珠経長栄処」と書かれ、真言宗の僧侶が如意珠経というお経を読誦（どくじゅ）したことが示されています。「慶長十六暦」「正月吉祥日」の記載から、慶長16年正月に行われたことがわかります。真言宗の僧侶とは、城の鬼門（北東）にある真言宗千手院（松江市石橋町）の僧侶と考えられます。

もう1枚には、「奉転読大般若経六百部武運長久処」とあり、大般若経というお経全600巻を転読したことが記録されています。転読とは、経題と一部のみを読むこと。600巻のお経を読むのは大変なので、省略して読経するのです。こちらも「慶長拾六年」「正月吉祥日」の記載があり、慶長16年正月に転読が行われたことがわかります。

たとえば日光東照宮の大修理完成のときもそうであったように、大般若経６００巻の転読は建物の完成を祝う儀式で行われるものです。また、祈禱札は天守の完成を祝って行われた儀式で用いられます。よって、発見された２枚の祈禱札に記された「慶長拾六年」「正月吉祥日」などの文字は、松江城天守が慶長16年正月以前に完成していたことの証明となるのです。

祈禱札が発見されただけで所在がわからなければ天守完成の決定的な裏付けになりませんが、地道な調査の結果、天守地階中央の、地階から１階の通し柱に祈禱札が打ちつけられていることが判明しました。これにより、信憑性は確かなものとなりました。

該当する通し柱に残る釘の跡と祈禱札を打ちつけた位置が合致し、通し柱には祈禱札の影が白く残っていました。実測調査によって、錆から出た柱のシミと祈禱札の裏側に付着したシミの跡も一致しました。２本の柱は天守地階の大黒柱ともいえる地階～１階の通し柱ですから、祈禱札を打ち付ける場所としてまったく違和感がありません。今となってはこれまでわからなかったのが不思議なほど、間違いなくこの場所です。現在は該当する場所に祈禱札のレプリカが展示されていますから、注目してみてください。

祈禱札には〝松江城〟の記載がないため、本当に松江城天守の祈禱札なのかという疑問も生じますが、たとえば棟上式で棟木に釘で打ち付ける棟札でも建物の名前が記されないのはけっして珍しくはありません。そのときに建てている建物についてのことですから、わざわざ記さないのでしょう。

このように、慶長16年正月に完成を祝って如意珠経の読誦と大般若経の転読が行われ、それを記録した木製の札2枚が地階の重要な柱2本に打ち付けられていたことが判明した、というわけです。もちろん祈禱札だけで天守完成時期が判明したわけではなく、築城時の鎮め物も3点見つかるなどしています。

ところで、祈禱札で興味深いのは、「奉転読大般若経六百部武運長久処」祈禱札に「大山寺」の名があることです。大山寺は鳥取県西伯郡大山町の山の中腹にある天台宗の寺ですから、大山寺の僧侶が隣国の伯耆からわざわざ国をまたいで出雲の松江まで訪れていることになります。

中世に寺勢を拡大した大山寺には、2代将軍・秀忠が寺領3000石を安堵する慶長15年（1610）4月8日付けの朱印状が伝えられています。慶長5年に伯耆に入った中村一忠が領内を厳しく検地して大山寺領も没収しようとしたため、これに対して幕府に直訴して得たものと考えられます。すなわち、松江城が築かれた当時、大山寺は寺領を有するほどの勢力がありました。

慶長16年当時の大山寺の座主は、豪圓という人物です。豪圓は徳川幕府とも関係が深く、よって幕府との関係を重視した吉晴が祈禱を依頼したとも考えられるようです。

豪圓は比叡山延暦寺を再興した人物として知られますが、天正10年（１５８２）の秀吉による備中高松城の水攻めの際は、秀吉本陣で雨乞いの祈禱をした人物でもあります。秀吉の家臣であった吉晴は高松城主の清水宗治（むねはる）が自決した際には検死役も務めていますから、かねてから豪圓とは深い繫がりがあったのかもしれません。

下層階と上層階の相違

国宝化に向けた調査ではさまざまな新発見がありましたが、なかでも興味深いのは、下層階と上層階の様相の違いです。下層階（地階～2階）と上層階（3階～5階）では、部材の新旧、番付、柱の太さ、表面の仕上げなどに相違点がみられ、建設背景の違いがうかがえるのです。

まず昭和の解体修理における取替材について見てみると、昭和30年（１９５５）3月発行の『重要文化財松江城天守修理工事報告書』によれば、軸建の古材は大部分が粗悪な松材で、腐朽が甚だしかったために新材に取り替えたとされています。報告書に記載がなかった取替材の位置を新たに調査し作成した平面図を見ると、各階の外周柱のほか、2階以下は内側の構造材も含まれ、地階と付櫓の取り替えは9割に上っていることがわかります。とくに、地階の柱と横架材は再利用の見込みが少なかったと報告書に記されています。

つまり、3～5階に比べて、地階から2階のほうが多くの部材が取り替えられているのです。

図8-5　天守の最上階
下層階とは柱の太さや加工が異なり、すっきりと開放的な雰囲気。

地階から2階はそれまで修理が少なく創建当初のままであったこと、部材に年代差があり技法の違いがあるために上層階と下層階の腐朽度が異なることを示しているといえます。

次に、彫込番付と墨書番付です。柱に刻まれた番付が、地階～2階は彫込番付、3～5階は墨書番付となっており、上層階と下層階とで異なります。報告書によれば、書体も異なります。

また、柱の仕上げや柱の太さも、下層階と上層階では異なります。天守を訪れ地階から順番に上っていくと、どこか武骨で緊迫感のある天守内の雰囲気が、3階へ上がるとやわらぐのがわかるはずです。地階から2階は太い材木の一部が丸太状のままで製材されておらず、柱の表面も荒々しい釿（ちょうな）仕上げです。しかし3階以上になると柱が細い角材となり、表面も鉋で美しく仕上げられたすっきりとした印象に変わります。

旧材で行われた柱の実測結果からも、1階の管柱は1尺～1尺5寸（約30・3～約45・5センチ）、1階から2階の通し柱は1尺～1尺2寸（約30・3～約36・4センチ）、2階の管柱は9寸～1尺1寸（約27・3～約33・3センチ）、2階から3階の通し柱は1尺～1尺1寸（約30・3～約33・3センチ）で、2階以下の柱は平均すると1尺以上の太さがあります。これに対して、3階の管柱は9寸～1尺（約27・3～約30・3センチ）、3階から4階の通し柱は1尺（約30・3センチ）、4階の管柱は9寸～1尺（約27・3～約30・3センチ）、4階から5階の通し柱は1尺（約30・3センチ）と細くなります。横架材も同様に、部材の様相、太さ、番付、工法、古材に地階～2階と3階～5階とで相違が見られます。

このように、地階～2階と3～5階では、さまざまな建築上の違いが認められました。3～5階が大規模に改修されたのでしょうか。それとも、下層階と上層階では建築の背景に異なる事情があったのでしょうか。天守は急ぎつくるものですから、築造時期は同じでもつくった人が違うということは十分に考えられます。遠江（とおとうみ）の大工が吉晴とともに出雲に来た可能性は高く、彼らは松江城や城下町づくりにも携わったようです。このことからも、単純に異なる技法の大工グループが建造に従事した可能性も否めません。真相は、現在のところ謎のままです。

分銅紋に「富」の刻印を持つ部材

もうひとつ、興味深い新知見があります。天守の古材（昭和解体修理で新材に取り替えられ、天守地階に保存されていた部材）の中から、分銅紋が刻まれている木材が発見されたのです。分銅紋は堀尾家の家紋で、松江城の石垣にも多数の刻印が見られることから、堀尾氏との関係を示すものと理解されています。しかも、分銅紋の内部には「富」の刻印があり、吉晴が松江城築城前に入った富田城に関連するものではないかと考えられます。

図8-6　文銅紋と「富」の刻印
古材から見つかった刻印。堀尾家の家紋である文銅紋の中に、富田城を思わせる「富」の字が刻まれている。

古材のひとつは製材されていない古めかしい松材で、長さは6尺9寸（約2・09メートル）、断面直径は1尺1寸（約33・3センチ）ほどです。端部には、仕口の彫り込みおよびいかだ穴らしき穴があります。「第九十号」と木札が打ちつけてあり、昭和30年の修理工事資料の古材明細書に九十番の古材として記載のある「一階床梁、いかだ穴付」と合致することから、天守1階の床梁と判明しました。いかだ穴とは、輸送する柱と柱でいかだを組む際に、綱でつなぐために開けた穴のこと。富田城から松江までは富田川（現在の飯梨川）や中海での水上輸送が可能ですから、なるほどいかだ穴が開いていても不思議はありません。

部材の年代を証明したのが、丸岡城天守の調査でも採用されたC14放射性炭素年代測定法（ウィグルマッチング法）による年代測定調査です。調査結果は、95％の確率で１５９８～１６２７年、99パーセントの確率で１５９４～１６３６年の伐採年代というものでした。富田城に堀尾氏が入ったのは慶長５年で、松江城の築城は慶長12～16年（１６０７～１６１１）。堀尾氏が松江城を築き移る時期と合致しますから、松江城の築城にあたり富田城の部材を転用した可能性は高いといえるのでしょう。

ただ、永禄９年（１５６６）に開城し、毛利氏、吉川氏を経て富田城が堀尾氏に明け渡されるまでは、30年以上もあります。富の字そのものは堀尾氏と関連づけられるものではありませんから、富の字が分銅紋の中にあるというセットでの刻まれ方に着目した場合、伐採年代と堀尾氏の富田城入城及び松江城築城時期と重なるかが問題となります。わざわざ刻印を入れた理由は定かではなく、富田城から運んだ材と松江で新たに調達した材とを明確に区別するためであると考えれば自然にも思えますが、現状では断定するのは難しいところです。

近年では、富田城でも調査が進み、瓦が発掘されて建物の存在が明らかになりつつあります。建物の建造時期が明らかになれば、松江城への転用の謎を解明する大きなヒントになります。これからは松江城だけでなく、近隣の城や築城者ゆかりの城、さらには寺院建築や民家との共通点などさまざまな観点から研究・調査が進むことで、知られざる松江城の真実が浮かび上がってくるのかもしれません。

第9章

松本城・犬山城・彦根城天守の謎

～天守に隠された変遷～

城は築かれてそのままということはほとんどなく、改造や増築が繰り返されます。城の外観や構造は時代の変化とともに様変わりし、軍事施設である以上は増強が必要だからです。原形を留めないほど大規模な改修工事もあれば、部分的なリフォームもあります。

天守にも変遷があり、歴史の積み重ねによって現在の姿がつくられています。別の建物が増築されることもあれば、天守の一部分が改造されることも。前提として時間をかけて建てられるわけではないため、同じ時期に建てられても、部分的な古材の転用や担当する大工の違いによって違いが生じることがあります。

そんな不完全さも、天守の魅力のひとつ。小さな違いを見つけ、その理由を探りながら歩くのも楽しいものです。天守に息づく、さまざまなドラマを見ていきましょう。

2つの時代が共存する天守群

松本城の天守群は、5棟の国宝（大天守・乾小天守・渡櫓・辰巳附櫓・月見櫓）で構成されます。西面から見る天守群（大天守・乾小天守・渡櫓）と、南面からのぞむ天守群（大天守・辰巳附櫓・月見櫓）とでは、まったく雰囲気が異なるでしょう。西面からの光景が武骨な印象なのに対し、南面から眺める天守群は開放的で表情豊か。驚くのは5棟が2時期に分かれて建造されていることで、ひとつの建物のように連結していながら、増築されて完成しています。

図9-1　西側からのぞむ松本城天守群
大天守と乾小天守を渡櫓がつなぐ。戦国時代に築かれ、武骨な雰囲気が漂う。

大天守・乾小天守・渡櫓の３棟が築かれたのは、築城開始直後の文禄3年（１５９４）頃のこと。徳川家康の家臣から豊臣秀吉のもとへ走った石川数正（かずまさ）によって、江戸の家康を牽制する城として築かれました。厳密には多少の時期差があるようですが、いずれにしても、関ヶ原合戦以前の石川時代のもの。戦闘色の濃い、実戦的な仕様です。一方の辰巳附櫓・月見櫓は、およそ40年後の寛永11年（１６３４）に築造されました。３代将軍・家光が善光寺参詣の際に立ち寄る話を受けてもてなすべく急遽増設されたもので、月見櫓はその名の通り、観月（かんげつ）をするための娯楽施設です。

戦乱の世に築かれた戦闘仕様の大天守・乾小天守・渡櫓と、太平の世に築かれた辰巳附櫓・月見櫓は、建築上のつくりや技法はもちろん意匠も大きく違います。内部に入れば、その違いは一目瞭然。明かり取り以外の窓がない、緊迫感漂う狭く薄暗い大天守に対して、月見櫓は広々として明るく、優雅な雰囲気が漂います。月見櫓は舞良戸（まいらど）と呼ばれる戸を外せば吹き抜けになり、さらに開放的な空間が広がります。

築造時期が異なるため、軍事的色彩にも違いがあります。大天守には大小の石落としが11設けられ、狭間の数も天守だけで115に及びます。文禄期の特徴を残す戦闘的な天守は破風の内側を破風の間にしたりと抜かりがなく、壁の厚みは約29センチで、火縄銃の弾丸を通すこともありません。その一方で、月見櫓には軍事的な工夫はまったく見当たりません。

月見櫓の脇には舟着場があり、どうやら小舟で内堀に出ることもできたようです。水堀は防御装置のひとつであり、松本城の内堀も城内からの攻撃が届くように築城時の鉄砲の射程に準じて約60メートルに設定されています。太平の世となった江戸時代にはここから小舟を漕ぎ出し、舟上で月夜のひとときを過ごしていたのでしょうか。敵の侵入を防ぐためにつくられた水堀は、この頃には遊び場へと変化していたのかもしれません。

2時期の変遷が明らかな犬山城天守

犬山城の天守は、増築の末に完成した天守です。まず2重2階の天守が築かれ、後に望楼部分が建造されました。3重目南北面の唐破風を付設するとともに1重目と2重目の大棟を下げて破風の位置を変更し、最上階の廻縁が設置されて現在の姿になったことが昭和36～40年（1961～65）の解体修理から明らかになっています。

天守の築造時期の違いについては、2つの説があります。1つは、天文6年（1537）頃に

図9-2　犬山城天守

織田信康により１重目と２重目が築かれ、慶長６年（１６０１）に小笠原吉次（よしつぐ）が３重目の望楼をつくり、元和６年（１６２０）に成瀬正成（まさなり）が３重目の唐破風を付加したとするものです。もう１つは、慶長６年に小笠原吉次が１重目と２重目を建て、元和６年に成瀬正成が３重目の望楼をつくり、南北面の唐破風は２代・成瀬正虎が付加したとする説です。

最古の天守かどうかはっきりしないのは、この２つの説の裏付けとなるものがないからです。慶長５年（１６００）の関ヶ原合戦後には全国で大規模な天守が建造されますから、それ以降に巨大な二重櫓を建てるとは考えにくく、また、３重目の望楼部分が元和元年（１６１５）の武家諸法度公布後に増設されるのも現実的ではありません。しかし、考古学的には屋根が瓦葺ではなく板葺きまたは柿葺きだった可能性が指摘されており、そうなれば慶長期の建造とするのは不自然で、室町時代末期まで築造時期が遡ってもおかしくないという見解があります。年輪年代測定法などの科学的調査による解明が期待されるところです。

図9-3 彦根城天守
大津城天守のリサイクルであると考えられている。

大津城天守が移築された彦根城天守

彦根城天守は、大津城の天守を再利用したリサイクルの天守です。再利用といってもそっくりそのまま天守を移動するのではなく、解体して部材を運び、見栄えよく仕立て直してあります。4重5階の大津城天守の部材を用いて、3重3階の彦根城天守が新たに組まれているのです。

彦根城は慶長8年（1603）に築城が開始され、『井伊家年譜』には慶長11年（1606）に大工棟梁の浜野喜兵衛の手によって大津城の天守が移築されたと記されています。大津城は慶長5年の関ヶ原合戦の前日に大砲による攻撃を受けて開城し、慶長7年（1602）には廃城となった城です。西軍の攻撃目標となりながら落ちなかったことから、縁起のよい天守とされたのかもしれません。

この移築説が、昭和32〜35年（1957〜60）に行われた解体工事で信憑性の高いものと証明されました。『国宝彦根城天守・附櫓及び多聞櫓修理工事報告書』によれば、天守には大きく3種類の部材が使用されていました。1つめは、慶長11年の造営の際に新たに調達した木材（各階の内部柱、長押や敷鴨居のように化粧材となるもの）、2つめは、書院風の建物の部材を転用したと考えられる木材（墨書のある隅木に代表されるもの）、そして３つめは、解体番号などから城の部材を転用した木材（壁内に塗り籠められる柱、土台、梁、桁および扉）です。

もっとも多いのは３つめの転用材で、部材に残されている墨付番付や仕口の技法などから、１階の平面は彦根城天守よりやや小さい、５階建ての天守が解体されたものだと判明しました。

前身の建物の規模を推定する材料となったのが、天守および附櫓の柱や梁、土台に転用され、部材に陰刻されていたかつての位置を示す番付や符号です。これらの番付や部材の寸法から、前身の天守は４重５階で、１階と２階、４階と５階は通し柱であったこと、３階は小屋裏の間のような空間で、５階には廻縁と高欄がめぐらされていたことなどが判明しました。１階の平面は、梁間６間、桁行１辺10間、他辺11間の梯形（ていけい）だったと推定されています。

図9-4　彦根城天守内部の柱

現在、彦根城天守を訪れて柱を見ると、実際に埋め木されたほぞ穴のある建築材などが散見されます。旧天守の転用材ということなのでしょう。報告書によれば彦根城天守二重目の隅木には浜野喜兵衛と思われる墨書もあり、年譜の記載とも合致します。琵琶湖を経由して舟で運べば、大津城からの運搬も非現実的ではありません。

彦根城天守は、転用した旧天守の詳細や完成年が明らかになっている珍しい事例です。前述のように、すでに製材された材木を効率よく再利用する、というのが転用の理由なのでしょう。松江城天守でも転用材の可能性が高まったように、ほかの天守でもこのような事例はあるのかもしれません。新たな築城秘話の誕生が楽しみです。

松本城天守にみる増築の可能性

松本城天守群は2時期にわたる増設で完成していますが、実は大天守そのものも別の時期に増築されて完成した可能性を秘めています。第8章で述べた松江城天守と同じケースで、下層階と上層階で部材の新旧や表面の仕上げ、番付、室内の雰囲気に違いがあります。

たとえば材木の表面に施された加工も、私たち観光客の目にも、違いが明らかです。釿で削られた下層階は荒削りで古めかしく、鉋が用いられた上層階はすっきりと美しく加工されています。となると、上層階は釿から鉋へと道具の主流が代わり、技術が発展してから築かれたようにも思えるのです。

しかし、釿と鉋の仕上げの違いが必ずしも築造時期の差異に直結するとは言い切れません。天守は下の階から建てていきますから、どうしても多少の時期差は生じます。また前提として急いでつくるため多くの技術者が集められますから、担当した大工が用いた方法や職人が得意とした工法が違っただけという可能性もあります。さらにいえば、台鉋が登場したからといって釿が一切使われなくなるわけでもないのです。

松本城大天守の増築説に明確な証拠はなく、現在のところは推論の域を出ません。構造を見ると4階の上に5階と6階を増築した可能性もあり得ますが、そうなるとわざわざ廻縁を設計しておきながら中断した理由も釈然としません。

結局のところ正解はわからず、疑問が湧くばかりです。国宝の建物といわれると、最高峰の抜かりない技術力が投入された完璧な構造物のような気がしてしまいますが、限られた時間の中で美観も実用も追求しながら築かれた天守は、人間の試行錯誤が如実に反映されている建物なのです。これが、最大の特徴であり魅力なのでしょう。建築物としては決して一級品ではなく、欠陥だらけで謎だらけ。ですが、寺院建築のような神聖な美と引き換えに、世俗建築らしい不完全の美があります。それを味わい想像することが醍醐味なのであれば、学術的に解き明かす視点だけでなく、感覚的に鑑賞することも大切なのかもしれません。

おわりに

ここ数年、天守のある近世の城だけでなく、中世に築かれたいわゆる〝マニアックな城〟へも多くの人が足を運ぶようになりました。かくいう私も、気づけば中世の山城へ籠ってばかり。この本を書くにあたり、久しぶりに山を下りて華やかな建造物を見た気がします。

改めて天守に向き合ってみると、その魅力は奥深く、ときに込み上げるものがありました。しかし、取材を通して驚いたのは、あまりに謎が多いこと。それなりに天守を理解していたつもりでしたが、とんでもない！　1冊にまとめ終えたものの、調べたいことや解明してほしいことが増えてしまいました。軍事施設としてあり方、建造物としての発展の経緯、政治的なつながりなど、歴史を知る上でまだまだ調査・研究の余地があるのだと知りました。

最近は中世の山城ブームだそうで、私も山城に関する執筆・講演の依頼を多くいただくようになりました。そんなブームと逆行するように天守に特化した1冊を書いたのは、「中世の城こそが本物！」「中世の城に行かずして城は語れない！」という煽り文句を散見し、〝中世の城をめぐっている人が本物の城ファン〟と評価する風潮に小さな違和感を覚えたからです。

たしかに、中世の城なくして近世の城は存在しません。しかし、近世の城を見ずして城を語ることはできないと思うのです。近世の城を知ることで中世の城の理解がより深まることもある、と私は感じます。もちろん、魅力を感じるポイントは人それぞれで、どの城を訪れるかは自由です。ただ、どちらがすごいわけではなく、別の魅力があることはお伝えしておきたい。近世の城の世界もどっぷりと楽しみ、天守を存分に愛でていただければ幸いです。


城とは奇跡的な存在だと、つくづく思います。好きかどうか、詳しいかどうかはさておき、ある程度の年を重ねた日本人であれば、その存在をなんとなくでもイメージできるからです。そして、誰もが思わず足を止めてしまう天守には、やはり特別な魅力があるのだと実感します。

13〜16世紀、全国には3万〜4万の城があったとされます。城が存在しない地域などなく、つまりそれほど城は身近で、興味がなくても私たちと密接な関係にあります。新幹線が停車するような発展した都市に必ず城があるのは、城が領国の要であり、流通・経済・商業の中心地であったから。近世以降、城を中心に城下町が繁栄し、現代社会がつくられてきました。発展した都市だから城が残っているのではなく、城があるから都市が発展したのです。

天守を眺めていると、人々のさまざまな期待や責任を背負って立ち続けているようで、頼もしさを感じます。そこには、建造した目的、築かれたときの情勢、建てた人々の願いやこだわり、見上げてきた人々や守ってきた人々の思いが詰まっている気がしてなりません。城の歴史は日本人が生きた証であり、地域の歴史。天守はまさに、地域の分身といえるのでしょう。

この1冊が、「…だから、私たちは天守に魅了されるのか」と、惹きつけられる理由をふんわりと解き明かすものになれば、とてもうれしく思います。旅先で、出張先で、天守を見上げる時間が今より少し尊いものに変わりますように。

最後になりましたが、日頃よりご指導・ご助言をいただいている諸先生方、城めぐりをともにしてくださる皆様、本書の執筆にあたりご協力くださった皆様に改めて厚くお礼申し上げます。松江市役所歴史まちづくり部史料編纂課松江城調査研究室の卜部吉博様、松本城管理事務所の後藤芳孝様、碇屋漆器店の碇屋公章様、姫路市観光交流局姫路城総合管理室兼教育委員会文化財課の小林正治様、坂井市教育委員会丸岡城国宝化推進室の堤徹也様には、取材時に多大なるご協力をいただきました。深く感謝いたします。ありがとうございました。

2017年11月　萩原さちこ

●主要参考文献

『国宝重要文化財姫路城保存修理工事報告書』
文化財保護委員会、1965年
『国宝姫路城大天守保存修理工事報告書』
文化財建造物保存技術協会編著、姫路市、2015年
『よみがえる白鷺 国宝姫路城大天守保存修理工事記録完結編』姫路市、2016年
『国宝姫路城大天守保存修理事業公式記録集』
姫路市観光交流局、2016年
『姫路城 平成の大修理』
神戸新聞総合出版センター、2015年
『姫路城漆喰の魅力』
姫路市立城郭研究室、2012年
『化学と工業 vol.64』「国宝姫路城大天守保存修理」
小林 正治、公益社団法人日本化学会、2011年
『建築史学 59号』「国宝姫路城大天守」保存修理工事において判明した最上階隅の間の当初計画について」
加藤修治、建築史学会、2012年
『月刊文化財 平成27年5月号』
文化庁文化財部監修、第一法規株式会社

『松江城天守学術調査報告書』
松江市観光振興部 観光施設課松江城国宝化推進室、2013年
『松江城調査研究集録1〜4』
松江市観光振興部 観光施設課松江城国宝化推進室、2013、2015、2016、2017年
『松江城再発見：天守、城、そして城下町』
西和夫、松江市歴史まちづくり部
『重要文化財松江城天守修理工事報告書』
重要文化財松江城天守修理事務所、1955年

『国宝松本城 解体・調査編』松本市教育委員会、1954年
『わたしたちの松本城』
上條宏之監修、松本市教育委員会、2012年
『国宝彦根城天守・附櫓及び多聞櫓修理工事報告書』
滋賀県教育委員会、1960年
『彦根城』彦根市教育委員会文化財部、2014年
『犬山城総合調査報告書』犬山市教育委員会、2017年

『重要文化財丸岡城天守修理工事報告書』
重要文化財丸岡城天守修理委員会、１９５５年

『平成27年度丸岡城調査研究事業成果報告』
坂井市教育委員会丸岡城国宝化推進室、２０１７年

『自然科学的な調査方法と丸岡城』
坂井市教育委員会丸岡城国宝化推進室、２０１７年

『重要文化財宇和島城天守修理工事報告書』
宇和島市、１９６２年

『重要文化財松山城（高梁城）防災施設保存修理工事報告書』重要文化財松山城〔高梁城〕防災施設保存修理委員会、１９７０年

『重要文化財松山城天守外十五棟修理工事報告書』
松山市、１９６９年

『重要文化財高知城天守修理工事報告書』
高知県教育委員会、高知県教育委員会事務局総務課、１９６７年

『大洲城天守閣復元事業報告書』
大洲市商工観光課編、２００４年

『城のつくり方図典』三浦正幸、小学館、２０１５年

『すぐわかる日本の城―歴史・建築・土木・城下町』
三浦正幸監修、広島大学文化財学研究室、東京美術、２００９年

『城の鑑賞基礎知識』三浦正幸、至文堂、１９９９年

『信長の城』千田 嘉博、岩波書店、２０１３年

『日本から城が消える』加藤理文、洋泉社、２０１６年

『織田信長の城』加藤理文、講談社、２０１６年

『決定版 図説 天守のすべて』三浦正幸監修、学研、２００７年

『日本１００名城 公式ガイドブック』
公益財団法人日本城郭協会監修、学研プラス、２００７年

『よくわかる日本の城』
小和田哲男監修、加藤理文、学研プラス、２０１７年

『伝統木造建築を読み解く』村田 健一、学芸出版社、２００６年

『古建築のみかた図典』前 久夫、東京美術、１９８０年

『図解 古建築入門―日本建築はどう造られているか』
西和夫、彰国社、１９９０年

ほか

国宝８棟で構成される天守群

姫路城

　現在の姫路城は、播磨52万石を拝領した池田輝政によって、慶長６年（１６０１）から９年がかりで築城されました。天守は慶長14年（１６０９）の完成とみられます。

　天守は、５重６階地下１階の望楼型。大天守と３棟の小天守を４棟の渡櫓でつないだ連立式で、８棟すべてが国宝に指定されています。８棟が絶妙に重なり、どこから見ても美しいのが最大の魅力。お気に入りの角度を探すのもいいですね。

　外観の美しさばかりに気を取られますが、大坂包囲網の１つとして築城されたため、内部は戦いを想定した実戦仕様です。狭間や石落とし、出窓や破風の間など、抜かりなく設けられた防御装置に注目を。武者隠しや石打棚など、姫路城だけに見られる工

2重目より上が右にずれている

天守3階と4階にある石打棚

所在地	兵庫県姫路市本町68
築城	天正8年(1580)・羽柴(豊臣)秀吉、慶長6年(1601)・池田輝政
おもな城主	羽柴秀吉、池田輝政、本多忠政
天守	5重6階地下1階、望楼型(国宝)
文化財 史跡区分	国指定特別史跡、国宝8件(大天守、東・西・乾小天守、イ・ロ・ハ・ニの渡櫓)、重要文化財74件
交通	JR山陽本線・山陽新幹線「姫路」駅から徒歩約20分ほか

夫も忘れずにチェックしましょう。

大天守は、よく見ると実は左右非対称です。南側から見上げると、2階の幅がズレているでしょう。全体のシルエットと隣の小天守とのバランスが、考慮されているのです。当然ながら歪んだ建造物になってしまいますが、なんと、建築上の欠陥を生かして美観と実用性をさらに高めています。外側は大きさやデザインの違う破風をつけて全体を整え、内側は空いてしまうスペースを攻撃や監視の部屋にしたりするなどの工夫が随所にされています。

美観と実用を兼ね備えるのが、この時代の天守のあり方。それをさまざまな技術を用いながら見事に完成させているのが、姫路城天守の真骨頂といえるでしょう。

5棟が織りなす漆黒の天守群

松本城

5重6階の大天守と3重4階の乾小天守が2重2階の渡櫓でつながれた連結式天守に、2重2階の辰巳附櫓と1重1階地下1階の月見櫓が増築された、連結複合式の天守群です。日本で唯一の黒漆塗りの天守は、四季折々の美で楽しませてくれます。

国宝5棟の建造時期が2時期に分かれる、驚きの構成です。大天守、乾小天守、渡櫓の3棟は、築城開始直後の文禄3年（1593）頃の建造。一方、辰巳附櫓と月見櫓は、寛永11年（1634）に築かれました。

東側から見ると優美に、西側から見ると武骨に見えるのはそのせいです。戦乱の世に築かれた戦闘仕様の3棟と、太平の世に築かれた2棟では、構造や意匠が大きく異なります。内部に入れば、雰囲気の違いは

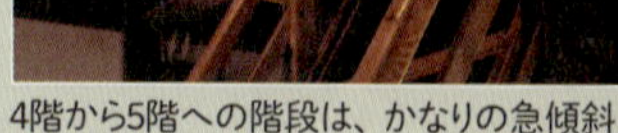
4階から5階への階段は、かなりの急傾斜

本丸から望む天守群

所在地	長野県松本市丸の内4-1
築城	文禄2〜3年(1593〜94)・石川数正、康長
おもな城主	石川数正、小笠原秀政、松平直政
天守	5重6階(国宝)
文化財 史跡区分	国指定史跡、国宝5件(天守、乾小天守、渡櫓、辰巳附櫓、月見櫓)
交通	JR篠ノ井線「松本」駅からバス「松本城・市役所前」下車、徒歩約3分

一目瞭然です。

築城した石川数正は、徳川家康の元重臣。江戸の家康を牽制すべく、秀吉から築城を命じられたのが松本城でした。秀吉への恭順の意を示すべく、威圧感のある堅牢な城を目指したのでしょう。数正の没後は子の康長が受け継ぎ、心血を注ぎました。

天守内部は、軍事的な工夫が光ります。膨大な数の狭間のほか、石落としもふんだんに設けられ、2階には大きな武者窓もあります。3連・5連の竪格子窓からも、火縄銃を放つ算段でしょう。

装飾が少なく古風なつくりですが、格式の高い装飾を取り入れた美があります。木連格子や華頭窓、数は少ないながら、破風もバランスよく配されています。

井伊家のセンスが光る粋な天守

彦根城

彦根城は、井伊直政の子、井伊直継・直孝により慶長9年（1604）から築かれました。天守の完成は慶長11年（1606）頃とみられます。

天守は3重3階の望楼型。大津城の4重天守を解体して、3重天守につくり直したリサイクルの天守です。

高さは約21メートルと小ぶりでつくりも古式ながら、粋な雰囲気が漂います。壁面の面積に対して、破風の数が多いのが特徴。さまざまな種類の破風が絶妙に配され、凝ったデザインです。

壁を華やかに演出する破風の中でも、東西面1重目の比翼切妻破風の庇付き、南北面の入母屋破風の隅部を切妻にした比翼切妻破風は珍しいもの。華頭窓が2重目と3

多種多様な破風が壁面を飾る

最上階の隠し部屋

所在地	滋賀県彦根市金亀町1-1
築城	慶長8年（1603）・井伊直継、直孝
おもな城主	井伊直孝、井伊直弼
天守	3重3階、望楼型（国宝）
文化財 史跡区分	国指定特別史跡、国宝1件（天守）、重要文化財5件
交通	JR東海道本線「彦根」駅から徒歩約10分ほか

重目に連続するのも、彦根城天守だけです。唐破風には、井伊家の家紋などの飾金具がキラリと光ります。

梁行に対して桁行が2倍近く長い長方形のため、南・北面はどっしりと、東・西面はきりりと端正に見えるのも特徴です。いろいろな角度から楽しみましょう。

おしゃれな外観とは対照的に、天守の内部はかなりの緊迫感が漂います。矢狭間や鉄砲狭間を壁面に75ヶ所も設置し、明らかに戦うことを想定しています。しかし、彦根城天守の真骨頂は、美観を損なわずに実用性を高めているところ。狭間は、外から見えないように隠し狭間を採用し、最上階の東西面には、破風の間を利用した隠し部屋まであります。

徹底抗戦に備えた実戦派天守

松江城

松江城は、慶長12年（1607）から堀尾吉晴によって築かれました。

慶長16年（1611）に完成した天守は、4重5階地下1階の望楼型。附櫓が付属する複合式です。1階と2階が同大であるためどっしりした印象で、黒壁の重厚感もあいまって雄々しさにあふれます。

二重櫓の上に3階建ての櫓を載せ、3重目の平側には入母屋造の張り出しが設けられています。5重天守のように見えるのは、この張り出し部分が3重目に見えるから。よく見ると、屋根が壁に接続していて、張り出しだとわかります。立派すぎない天守は、徳川幕府への配慮なのでしょう。築城時の情勢が伝わります。

天守内部は、かなりの実戦仕様です。と

横から見ると、3 重目の張り出しがわかる

内部はかなりの実戦仕様

所在地	島根県松江市殿町 1-5
築城	慶長 12 年（1607）・堀尾吉晴
おもな城主	堀尾忠晴、京極忠高、松平直政
天守	4重5階地下1階、望楼型（国宝）
文化財 史跡区分	国指定史跡、国宝1件（天守）
交通	JR 山陰本線「松江」駅から徒歩約 20 分 ほか

くに、天守から付櫓に向かって切られた狭間は必見。もともと付櫓は、天守地階入口に近づいてきた敵を斜め上から射撃できる構造になっています。付櫓に向けられた狭間は、これを突破して付櫓内部に侵攻されたとき、天守から付櫓の敵に向けて攻撃するための装置なのです。

天守内に攻め込まれてもなお、最後まで戦い抜こうとする気迫は相当なもの。天守に切られた膨大な数の狭間、隠し石落としのほか、天守地階には籠城への備えと思われる井戸もあります。

堀尾吉晴は、豊臣政権下では要職に就いて活躍した実力者です。さすがは秀吉のもとで戦い抜いた、実戦豊富な名将が建てた城と感嘆せずにいられません。

断崖に建つ古式ゆかしい天守

犬山城

犬山城の天守は、3重4階地下2階の望楼型。まず2重2階の天守が築かれ、後に望楼部分が増築されたと考えられます。1・2階と3・4階の建造時期が異なりますから、全体としては2階ずつの建物を2段重ねたような構造をしています。

天守の高さは約19メートル、天守台も含めても約24メートル。小さいながらも、突上戸や唐破風、高欄付きの廻縁などが、古式の美と品格を高めています。最上階が、柱や長押をそのまま見せた真壁造なのも、大きな特長。廻縁入口両脇の華頭窓が、窓ではなく木枠を貼りつけただけの装飾であるのもおもしろいところです。

平成16年（2004）まで、全国唯一の個人所有だった城でもあります。明治24年

趣きのある望楼型天守

天守最上階の華頭窓

所在地	愛知県犬山市犬山字北古券65−2
築城	天文6年（1537）・織田信康
おもな城主	織田信康、小笠原吉次、成瀬正成
天守	3重4階地下2階、望楼型（国宝）
文化財 史跡区分	国宝1件（天守）
交通	名鉄犬山線「犬山遊園」駅から徒歩約15分

犬山城

（1891）に濃尾地震で天守が半壊したのを機に、修理を条件として愛知県から旧藩主の成瀬家に譲与。現在は、財団法人犬山城白帝文庫の所有となっています。

天守最上階の廻縁や、意匠の肝といえる3階の唐破風も、成瀬氏による増築とされます。天守1階にある書院造りの上段の間は、文化年間の改造のよう。警護のための武士の詰所・武者隠しの間のほか、納戸の間、武者走りの板の間が配されています。

最大の魅力は、天守最上階にめぐらされた、廻縁からの眺望でしょう。木曽川を一望でき、濃尾平野の展望が楽しめます。木曽川越しにのぞむ天守もなかなか見事です。断崖の上に建つ、フォトジェニックな天守です。

2つの顔を持つ「御三階櫓」

弘前城

東日本で唯一、現存天守がある城です。津軽為信が築城を計画し、2代・信枚が完成させました。

天守は櫓として建てられたもので、文化7年（1810）の建造。築城時に築かれた天守は寛永4年（1627）に落雷で消失したため、本丸辰巳櫓の改築という名目で幕府の許可を取得し、三重櫓を建てて天守代用としました。津軽藩の届け出は「御三階櫓」で、天守と呼ばれるのは明治以降。初代天守は現在の本丸未申櫓跡に立ち、五重の豪華なものだったといわれています。

天守ではなく櫓であることを示すのが、城外側と城内側とで異なる外観です。堀に面する二面は東面に32、南面に27の長押型が使われた矢狭間が配され、1重目と2重

城内側の2面には破風や狭間がない

石垣修復のため、天守は本丸に移動中

所在地	青森県弘前市下白銀町1
築城	慶長16年（1611）・津軽信枚
おもな城主	津軽為信、津軽信枚
天守	3重3階、層塔型（国重文）
文化財 史跡区分	国指定史跡、重要文化財9件
交通	JR奥羽本線「弘前」駅から徒歩弘南バス「市役所前」下車、徒歩すぐ

目の屋根には破風が飾られています。これに対して、城内側の西・南面には破風などの装飾はなく、採光のためと思われる連子窓を並べただけの単調なつくりになっています。

屋根は、本瓦型の木瓦に銅板を張った銅瓦葺き。豪雪地域であるため、割れやヒビを防ぐ工夫とみられます。妻飾にみられる青海波は、江戸城の富士見櫓にも見られるもの。粋なデザインといえそうです。

平成27年（2015）から、天守は石垣の修復工事のため本丸に移動されています。現存する国指定重要文化財のため、解体せずに曳き屋を用いて本丸側へ約70メートル移動されました。古くなった石垣が積み直された後、再び元に戻されます。

石瓦で寒冷対策された天守

丸岡城

柴田勝家の甥である柴田勝豊により、天正4年（1576）に築かれました。天守は丸岡藩の立藩後、慶長18年（1613）以降の造営という説が有力のようです。

天守は、2重3階の望楼型です。特長の1つは、屋根瓦。厳しい寒さによる瓦の割れを防ぐため、一般的な土を焼いた瓦ではなく、石製の瓦が葺かれています。

瓦に使われているのは、福井市内の足羽山で採れる笏谷石。福井県内の福井城や北ノ庄城にも採用されている福井産の石です。越前青石とも呼ばれ、濡れると青みが冴えます。そのため、雨に濡れた天守は物憂げな表情に変化して、晴れの日とは違う美しさを見せてくれます。

1階屋根東西の棟にある鬼瓦も、笏谷石

天守に取り付けられた腰庇

笏谷石製の鬼瓦

所在地	福井県坂井市丸岡城霞1−59
築城	天正4年（1576）・柴田勝豊
おもな城主	柴田勝豊、本多成重、有馬清純
天守	2重3階、望楼型（国重文）
文化財 史跡区分	重要文化財1件
交通	JR 北陸本線「福井」駅から京福バス「丸岡城」バス停下車、徒歩すぐ

の彫刻です。東側の鬼は口を開き、西側の口を閉じた阿吽の対。木彫銅板張りですが、かつては鯱も石製でした。

　珍しいのは、「腰庇」という雨漏り防止の板張屋根。天守台と天守の床の間に、斜めにつけられた小さな板です。丸岡城天守は石垣の補強技術が未発達のため、安定させるために天守台よりも天守をひとまわり小さく設計しています。そのせいで天守台と天守の間に隙間ができるため、腰庇をつけて雨漏りを防いでいます。

　入母屋造の建物に、望楼を載せた、古式な外観が魅力です。最上階は柱や長押を白木のまま見せ、軒も塗籠になっていません。初重の出格子窓も特徴的。素朴ながら重厚感のある外観が堪能できます。

バランスのよいコンパクト天守

備中松山城

戦国時代には落城の歴史もある備中松山城を、慶長5年（1600）に入った小堀正次・政一（遠州）父子が改修。これが、現在の備中松山城のはじまりです。やがて、天和3年（1683）に水谷勝宗が改修し、現在の天守を築きました。

天守は、2重2階の層塔型。高さ約11メートル、1階平面は14メートル×10メートルと、現存する天守の中でも小ぶりです。しかし、正面にあたる南面には唐破風付きの巨大な出窓が取り付けられるなど、なかなかの存在感。2階の両端に設けられた小屋根のある縦連子も、アクセントになっています。

西面から見ると2重3階のように見えるのは、かつて天守には八の平櫓から続く渡

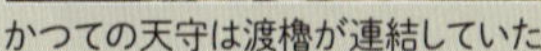

かつての天守は渡櫓が連結していた

装束の間。引戸が設けられ独立している

所在地	岡山県高梁市内山下1
築城	延応2年（1240）・秋庭重信、慶長10年（1605）頃・小堀政一、天和元年（1680）・水谷勝宗
おもな城主	三村元親、小堀政一、水谷勝宗
天守	2重2階、層塔型（国重文）
文化財 史跡区分	国指定史跡、重要文化財3件
交通	JR伯備線「備中高梁」駅から徒歩約10分、下車後徒歩約20分 ほか

櫓が接続していて、その連結部だけが残っているから。付櫓のように見えるのも、扉のない素朴な入口になっているのもこのためです。

内部にある珍しいものの1つが、1階の東側突出部にある囲炉裏。籠城時の備えと思われます。もう1つは、北背面の突出部に、1階より2メートルほど床を高くしてつくられた装束の間です。籠城時に城主一家が籠る部屋で、忍びの者も侵入できないように床下に石が詰め込まれているそう。出入口は二重櫓に通じます。

天守北側に天守とともに現存する、二重櫓も必見です。出入口は2ヵ所あり、南側は天守、北側は後曲輪に通じ、中継所としての役割も担っていたようです。

絶景が望める連立式天守

松山城

現存する12棟の天守のうち、もっとも新しい天守です。

松山城は慶長7年（1602）に加藤嘉明により築かれましたが、現在の天守が建造されたのは、安政元年（1854）のこと。創建当初の5重天守は、寛永19年（1642）に松平定行によって3重天守に改築され、その天守も天明4年（1784）に落雷で消失したため、文政3年（1820）から再建されました。

天守は、3重3階地下1階の層塔型。本丸内の1段高い本壇（天守曲輪）にあり、大天守・小天守・南隅櫓・北隅櫓を多門櫓・十軒廊下・玄関多門でつなぎ内門を置いた連立式天守です。唐破風玄関多門から内門渡櫓を経由して天守1階に入るのが、正式

現存する連立式天守は姫路城と松山城だけ

現存天守で唯一、葵の御紋が付されている

所在地	愛媛県松江市丸之内1
築城	慶長7年（1602）・加藤嘉明
おもな城主	加藤嘉明、蒲生忠知、松平定行
天守	3重3階地下1階、層塔型（国重文）
文化財 史跡区分	国指定史跡、重要文化財21件
交通	JR予讃線「松山」駅から市電「大街道」下車、徒歩約5分でロープウェイ乗り場 ほか

なルート。天守までも道のりも、かなり複雑となっています。

天守は横長で、ひしゃげたような印象を受けます。これはおそらく、5重天守の天守台に3重天守を築いたから。1重目と2重目の千鳥破風は、高さを出す効果を狙ったものでしょう。屋根や破風に反りがなく単調な印象ですが、随所に慶長期の特徴が見られ、古式の美があります。

最上階は明るく開放的で、身舎の南西部には床の間もあります。天井が張られ、敷居もあり、身舎部分には長押もめぐらされていることから、居室としていたと思われます。かつての城主も、瀬戸内海まで一望できる絶景を、この場所から眺めていたかもしれません。

瀬戸内海からの見栄えを重視

丸亀城

丸亀城は、慶長2年（1597）に生駒親正により築かれました。慶長7年（1602）には、ほぼ完成したとみられます。

一国一城令により廃城となりましたが、寛永18年（1641）に丸亀藩が立藩し、寛永20年（1643）から山崎家治が城を現在の姿へと大改造。現存する3重3階の天守は、山崎家断絶後の万治元年（1658）に入った京極高和によって、万治3年（1660）年に築かれました。天守の鬼瓦や丸瓦には、京極家の家紋・四つ目結紋が燦然と輝きます。

天守代用の御三階櫓として建てられた天守は、現存天守のなかでも小規模。層塔型で、城下から少しでも大きく見えるよう工夫されています。正面にあたる北面は、左

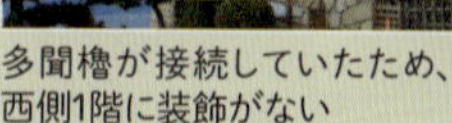

多聞櫓が接続していたため、
西側1階に装飾がない

4段に重なる高石垣の上に建つ

所在地	香川県丸亀市一番丁5
築城	慶長2年（1497）・生駒親正、寛永20年（1643）・山崎家治
おもな城主	生駒親正、山崎家治、京極高和
天守	3重3階、層塔型（国重文）
文化財 史跡区分	国指定史跡、重要文化財3件
交通	JR予讃線「丸亀」駅から徒歩約10分で登城口

隅に出窓のような張り出しを設け、素木の格子をつけて美観を向上。２重目には唐破風、南面には千鳥破風を飾り、華やぎを添えています。

最上重の東西の棟側が極端に短い、不思議な構造です。１重目が東西に長い場合は、最上重の入母屋屋根の棟は東西に向けるのが一般的。しかし丸亀城の天守は棟を南北に向けています。これも、北面に入母屋破風の妻面を向けることで城下から大きく見せる工夫なのでしょう。

内部に入ると、天井の高さに驚きます。壁は、長押の高さまでは漆喰を厚く塗り防御を固めているよう。狭間は１階に６つしかありませんが、よく見ると太鼓壁になっているなどの工夫が見られます。

太平の世に築かれた平和な天守

宇和島城

宇和島城の天守は、3重3階の層塔型で、独立式。城は慶長元年（1596）から藤堂高虎によって築城されましたが、現存する天守は宇和島伊達藩2代・伊達宗利により寛文6年（1666）頃に築かれました。高虎時代の天守は、3重の望楼型だったと考えられています。

天守が築かれた寛文6年頃の世は、4代将軍・徳川家綱の統治下。戦乱の世から太平の世へと移り変わっているため、戦闘力がまったくないのが最大の特徴です。天守の壁面に、狭間や石落としが見当たらないでしょう。千鳥破風はあくまで美しくみせるための飾りにすぎず、破風の間も存在しません。開放的な出入口には、宇和島伊達家の3種類の家紋が刻まれた格式の高い大

手すりの仕上げにも注目

狭間や石落としがない

所在地	愛媛県宇和島市丸之内
築城	慶長元年（1596）・藤堂高虎
おもな城主	藤堂高虎、伊達秀宗、伊達宗利
天守	3重3階、層塔型（国重文）
文化財 史跡区分	国指定史跡、重要文化財1件
交通	JR 予讃線宇和島駅から徒歩約 20 分で登城口ほか

きな唐破風が施され、侵入者を迎撃する気配よりも歓迎の雰囲気にあふれます。

天守内部も広々としていて、軍事施設というよりは住まいのような居心地のよさです。建築様式に御殿や家屋との共通点があり、階段の手すりや欄干も丁寧な仕上がりになっています。敷居を見ると、かつては畳敷きであったこともわかります。

狭間や石落としが1つもないため、壁面や床面はすっきり。武者走りも、引戸型の格子窓の上下には長押がまわっており、格式を感じさせます。窓下には鉄砲掛けが2丁備え付けられていますが、戦闘用というよりは備えといったところなのでしょう。

宇和海に突出した丘陵に建ち、天守最上階からは穏やかな宇和海が望めます。

躍動感あふれる優美な天守

高知城

高知城は、慶長6年（1601）に山内一豊により築城されました。創建当初の天守は、享保12年（1727）に大火で焼失。延享4年（1747）に再建されたのが、現存する天守です。

天守は4重6階の望楼型。江戸中期の建造にもかかわらず古式の望楼型天守が築かれたのは、幕府が旧来通りの再建を認めたため。一方で、藩祖である一豊への敬意ともいわれます。

天守の高さは約19メートル。天守台はなく、地形に沿ってうまく築かれた石垣の上に直接天守が建てられています。

2重目と4重目の屋根は、軒隅が反り上がる本木投げ。土佐漆喰とともに、土佐独特の工法です。天守の東西面は入母屋破風、

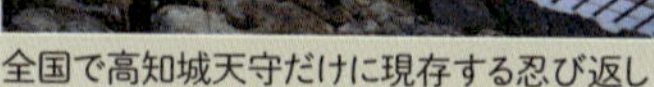

全国で高知城天守だけに現存する忍び返し

鉄格子付きの石落とし

所在地	高知県高知市丸ノ内1-2-1
築城	慶長6年（1601）・山内一豊
おもな城主	山内一豊
天守	4重6階、望楼型（国重文）
文化財 史跡区分	国指定史跡、重要文化財15件
交通	とさでん交通「高知城前」駅から徒歩約5分

望楼、唐破風、大屋根の入母屋破風などが絶妙に調和して、躍動感にあふれます。懸魚や鬼瓦の種類も多く、鬼瓦は向きや表情がさまざま。山内家の家紋入りの鬼瓦もあります。

天守内部は、戦闘的な工夫が隠されているものの、勾配の緩い階段からは太平の世が感じられます。鉄格子付きの石落としや、漆喰で塗籠られた狭間の土戸など、珍しい装置も見逃せません。

最上階の廻縁からの眺望がとにかく抜群で時間を忘れます。欄干には擬宝珠がつき、いずれも豪華な黒漆塗りです。

天守と本丸御殿がともに現存するのも、全国で唯一の例。天守に本丸御殿が接続する構造も珍しく、必見です。

〈さ行〉

〈た行〉

さくいん

N.D.C.521.82　281p　18cm

ブルーバックス　B-2038

城の科学
個性豊かな天守の「超」技術

2017年11月20日　第1刷発行

著者　萩原さちこ
発行者　鈴木　哲
発行所　株式会社講談社
〒112-8001 東京都文京区音羽2-12-21
電話　出版　03-5395-3524
販売　03-5395-4415
業務　03-5395-3615
印刷所　（本文印刷）豊国印刷株式会社
（カバー表紙印刷）信毎書籍印刷株式会社
本文データ制作　講談社デジタル製作
製本所　株式会社国宝社

定価はカバーに表示してあります。

ISBN978-4-06-502038-8

発刊のことば

科学をあなたのポケットに

二十世紀最大の特色は、それが科学時代であるということです。科学は日に日に進歩を続け、止まるところを知りません。ひと昔前の夢物語もどんどん現実化しており、今やわれわれの生活のすべてが、科学によってゆり動かされているといっても過言ではないでしょう。

そのような背景を考えれば、学者や学生はもちろん、産業人も、セールスマンも、ジャーナリストも、家庭の主婦も、みんなが科学を知らなければ、時代の流れに逆らうことになるでしょう。

ブルーバックス発刊の意義と必然性はそこにあります。このシリーズは、読む人に科学的に物を考える習慣と、科学的に物を見る目を養っていただくことを最大の目標にしています。そのためには、単に原理や法則の解説に終始するのではなくて、政治や経済など、社会科学や人文科学にも関連させて、広い視野から問題を追究していきます。科学はむずかしいという先入観を改める表現と構成、それも類書にないブルーバックスの特色であると信じます。

一九六三年九月

野間省一

ブルーバックス　趣味・実用関係書 (I)

35 計画の科学 加藤昭吉
733 紙ヒコーキで知る飛行の原理 小林昭夫
954 「超能力」と「気」の謎に挑む 天外伺朗
1032 フィールドガイド・アフリカ野生動物 小倉寛太郎
1063 自分がわかる心理テストPART2 芦原 睦＝監修
1073 へんな虫はすごい虫 安富和男
1083 格闘技「奥義」の科学 吉福康郎
1084 図解 わかる電子回路 加藤 肇／見城尚志／高橋 久
1112 頭を鍛えるディベート入門 松本 茂
1234 子どもにウケる科学手品77 後藤道夫
1245 「分かりやすい表現」の技術 藤沢晃治
1273 もっと子どもにウケる科学手品77 後藤道夫
1284 理系志望のための高校生活ガイド 鍵本 聡
1307 理系の女の生き方ガイド 宇野賀津子／坂東昌子
1346 図解 ヘリコプター 鈴木英夫
1352 確率・統計であばくギャンブルのからくり 谷岡一郎
1353 算数パズル「出しっこ問題」傑作選 仲田紀夫
1364 理系のための英語論文執筆ガイド 原田豊太郎
1366 数学版 これを英語で言えますか？ E・ネルソン＝監修 保江邦夫
1368 論理パズル「出しっこ問題」傑作選 小野田博一
1387 「分かりやすい説明」の技術 藤沢晃治

1396 制御工学の考え方 木村英紀
1413 『ネイチャー』を英語で読みこなす 竹内 薫
1420 理系のための英語便利帳 倉島保美／榎本智子 黒木 博＝絵
1430 Excelで遊ぶ手作り数学シミュレーション 田沼晴彦
1443 「分かりやすい文章」の技術 藤沢晃治
1448 間違いだらけの英語科学論文 原田豊太郎
1471 「日本語から考える英語表現」の技術 柳瀬和明
1478 「分かりやすい話し方」の技術 吉田たかよし
1488 大人もハマる週末面白実験 左巻健男／滝川洋二 こうのにしき＝編著
1493 計算力を強くする 鍵本 聡
1516 競走馬の科学 JRA競走馬総合研究所＝編
1520 図解 鉄道の科学 宮本昌幸
1552 「計画力」を強くする 加藤昭吉
1553 図解 つくる電子回路 加藤ただし
1567 音律と音階の科学 小方 厚
1573 手作りラジオ工作入門 西田和明
1574 怖いくらい通じるカタカナ英語の法則 CD-ROM付 池谷裕二
1579 図解 船の科学 池田良穂
1584 理系のための口頭発表術 ロバート・R・H・アンホルト 鈴木 炎／I・S・リー＝訳
1596 理系のための人生設計ガイド 坪田一男
1603 今さら聞けない科学の常識 朝日新聞科学グループ＝編

ブルーバックス　趣味・実用関係書(Ⅱ)

1613 科学・考えもしなかった41の素朴な疑問　松森靖夫＝編著
1623 「分かりやすい教え方」の技術　藤沢晃治
1630 伝承農法を活かす家庭菜園の科学　木嶋利男
1653 理系のための英語「キー構文」46　原田豊太郎
1656 今さら聞けない科学の常識2　朝日新聞科学グループ＝編
1660 図解　電車のメカニズム　宮本昌幸＝編著
1665 動かしながら理解するCPUの仕組み　CD-ROM付　加藤ただし
1666 理系のための「即効！」卒業論文術　中田　亨
1667 太陽系シミュレーター　Windows7/Vista対応版　DVD-ROM付　SSSP＝編
1671 理系のための研究生活ガイド　第2版　坪田一男
1676 図解　橋の科学　土木学会関西支部＝編　田中輝彦/渡邊英一他
1682 入門者のExcel関数　リブロワークス
1683 図解　超高層ビルのしくみ　鹿島＝編
1688 武術「奥義」の科学　吉福康郎
1689 図解　旅客機運航のメカニズム　三澤慶洋
1693 10歳からの論理パズル「迷いの森」のパズル魔王に挑戦！　小野田博一
1695 ジムに通う前に読む本　桜井静香
1696 ジェット・エンジンの仕組み　吉中　司
1698 スパイスなんでも小事典　日本香辛料研究会＝編
1699 これから始めるクラウド入門　2010年度版　リブロワークス
1707 「交渉力」を強くする　藤沢晃治

1709 院生・ポスドクのための研究人生サバイバルガイド　菊地俊郎
1714 Wordのイライラ　根こそぎ解消術　長谷川裕行
1725 魚の行動習性を利用する釣り入門　川村軍蔵
1726 仕事がぐんぐん加速するパソコン即効冴えワザ82　トリプルウイン
1733 Excelのイライラ　根こそぎ解消術　長谷川裕行
1739 マンガで読む「分かりやすい表現」の技術　カノウ＝マンガ　銀杏社＝構成
1744 瞬間操作！　高速キーボード術　リブロワークス
1753 理系のためのクラウド知的生産術　堀　正岳
1755 振り回されないメール術　田村　仁
1763 エアバスA380を操縦する　キャプテン・ジブ・ヴォーゲル　水谷　淳＝訳
1773 「判断力」を強くする　藤沢晃治
1777 たのしい電子回路　西田和明
1783 知識ゼロからのExcelビジネスデータ分析入門　住中光夫
1791 卒論執筆のためのWord活用術　田中幸夫
1793 論理が伝わる　世界標準の「書く技術」　倉島保美
1794 いつか罹る病気に備える本　塚﨑朝子
1796 「魅せる声」のつくり方　篠原さなえ
1813 研究発表のためのスライドデザイン　宮野公樹
1817 東京鉄道遺産　小野田　滋
1835 ネットオーディオ入門　山之内　正
1837 理系のためのExcelグラフ入門　金丸隆志

1847 論理が伝わる　世界標準の「プレゼン術」　倉島保美
1858 プロに学ぶデジタルカメラ「ネイチャー」写真術　水口博也
1863 新幹線50年の技術史　曽根　悟
1864 科学検定公式問題集　5・6級　竹内　薫＝監修　桑子　研／竹田淳一郎
1868 基準値のからくり　村上道夫／永井孝志　小野恭子／岸本充生
1877 山に登る前に読む本　能勢　博
1882 「ネイティブ発音」科学的上達法　藤田佳信
1886 関西鉄道遺産　小野田　滋
1895 「育つ土」を作る家庭菜園の科学　木嶋利男
1900 科学検定公式問題集　3・4級　竹内　薫＝監修　桑子　研／竹田淳一郎
1904 デジタル・アーカイブの最前線　時実象一
1910 研究を深める5つの問い　宮野公樹
1914 論理が伝わる　世界標準の「議論の技術」　倉島保美
1915 理系のための英語最重要「キー動詞」43　原田豊太郎
1919 「説得力」を強くする　藤沢晃治
1920 理系のための研究ルールガイド　坪田一男
1926 SNSって面白いの？　草野真一
1934 世界で生きぬく理系のための英文メール術　吉形一樹
1938 門田先生の3Dプリンタ入門　門田和雄
1947 50ヵ国語習得法　新名美次
1948 すごい家電　西田宗千佳
1951 研究者としてうまくやっていくには　長谷川修司
1958 理系のための法律入門　第2版　井野邊　陽
1959 図解　燃料電池自動車のメカニズム　川辺謙一
1965 理系のための論理が伝わる文章術　成清弘和
1966 サッカー上達の科学　村松尚登
1967 世の中の真実がわかる「確率」入門　小林道正
1976 不妊治療を考えたら読む本　浅田義正／河合　蘭
1987 怖いくらい通じるカタカナ英語の法則　ネット対応版　池谷裕二
1999 カラー図解Excel「超」効率化マニュアル　立山秀利
2005 ランニングをする前に読む本　田中宏暁